二十年了
從未間斷
一週一篇教學
這種細水長流的寵愛
你一定能感受

--- 2020 年。我是依然堅守影像後製崗位的
楊比比

138 個影像後製問題。看起來好像不多，但這 138 個問題，楊比比又提供了很多思考方向，認真算起來應該超過 300 個。從安裝、介面、工具、外掛資源、面板，各個面向，都包含在內，這不僅僅是一本問答集，更是一本參考書，請同學看看目錄，就能了解，這是一本隨時需要翻閱的好書。

45 個絕對密技。Photoshop 一年一版的更新，很多小技巧，都被新功能的光芒遮蓋了，不容易被大家注意；楊比比把這些技巧重新挖掘出來，放置在相關章節的後方，動作都很簡單，一看就懂，然後你會說「哇塞！真好用」。

13 個精彩的實戰練習。楊比比總結「數位暗房技巧」、「數位暗房編輯程序」、「HDR 合併」、「智慧型物件圖層的結構與限制」、「影像合成」、「髮絲去背」、「統一光源與色調」這些實用又常用的範例，帶著同學一個步驟、一個步驟的練習，讓同學看得懂、學的會，又能用的上。

下載
書本範例

為了節省光碟資源，請到「楊比比 影像後製線上學習網」中下載書本需要的範例檔案（直接搜尋「楊比比」就能快速找到網站）。

歡迎光臨 楊比比的 數位後製暗房
Photoshop + Camera Raw 編修私房密技 200+
二月 20，2020
不炫技、不藏私，只想帶你領略影像後製的魅力
138 個影像後製問題：超過300個延伸引導的編修技法
45 個絕對密技：楊比比把這些技巧重新挖掘出來，放置在相關章節的後方，動作都很簡單，一看就懂，然後你會說「哇塞！真好用」。
13 個精彩的實戰練習：從「數位暗房技巧」到「髮絲去背」都是非

https://yangbibi375.com/booklist/
單響「書籍封面」就可以看到「範例下載」

哈燒分享：每週一出刊

楊比比 Photoshop 線上學習網。每周一分享最新教學，歡迎加入！
搜尋「楊比比 線上學習網」或是在網址列輸入 yangbibi375.com

信箱：support@yangbibi375.com
楊比比粉絲專頁 www.facebook.com/photoshopyangbibi

攝影不只是按快門 還需要暗房 | 01

Q001：什麼是數位暗房？ 　026
數位暗房的軟體是？ / 怎麼沒有 Photoshop ？
該準備哪些軟體呢？ / 該怎麼購買軟體？
可以安裝幾台電腦？ / 退租之後還能使用軟體嗎？

Q002：軟體要怎麼安裝？ 　028
只要下載 Creative Cloud 一套 / 安裝攝影計畫
自動啟動 Creative Cloud / 自動更新攝影計畫程式

Q003：軟體更新後程式還是舊的？ 　030
移除 Creative Cloud 桌面應用程式

Q004：可以移除 Photoshop 嗎？ 　031
移除 Photoshop 以及之前的舊版本

Q005：免費使用 Adobe Fonts 　032
進入 Adobe Fonts / 啟用 Adobe Fonts
有中文字型嗎？

Q006：Behance 是什麼？ 　034
設定喜愛的作品類別

Q007：別放過免費教學影片 　035
進入 Adobe 教學網頁

Adobe Bridge
數位照片管理 問答篇
02

Q008：一定要安裝 Bridge 嗎？　038
看不到 RAW 的縮圖？ / Bridge 可以看到 RAW 格式的縮圖
隨時檢查軟體是否要更新 / 檢查 Bridge 版本
更新了哪些功能呀

Q009：Bridge 要怎麼開始使用呀？　040
麻煩把視窗放大 / 把「工作區」設定好
重點區域要記熟 / 電腦的磁碟機
檔案的縮圖管理 / 檔案的拍攝資訊與版權 / 檔案管理

Q010：檔案的縮圖太小？太大？　042
縮圖格點 / 內容縮圖 / 詳細內容與清單

Q011：內容縮圖也有很多資訊？　043
縮圖專屬的偏好設定

Q012：Bridge 最方便的檢視環境　044
更大的影片與照片顯示空間
楊比比最喜歡的 Bridge 工作介面
左側面板 / 中間放置「內容」面板 / 右側面板 / 儲存工作區

Q013：Bridge 裡面的字變得很大？　046
調整顯示器的縮放比例

Q014：Bridge 文字可以大一點嗎？　047
設定介面顏色與文字尺寸

Adobe Bridge
數位照片管理 問答篇 | 02

Q015：縮圖新增功能　　048
開啟並排顯示 / 關閉並排顯示

Q016：搜尋檔案夾與圖片　　049
進階搜尋

Q017：讀入相機記憶卡內的照片？　　050
相片下載程式 / 相片下載進階環境 / 確認照片的來源
指定儲存位置 / 檔案複製選項 / 中繼資料

Q018：Bridge 讀入照片後會多一個 XMP 檔案？　　052
為什麼看不到 XMP 檔案？
開啟「顯示隱藏檔案」還是沒有 XMP
由 Bridge 讀入照片檔案 不想要有 XMP 耶

Q019：哪裡可以看到個人版權？　　054
中繼資料面板是空白的？ / 影片也可以設定版權？
版權資訊的欄位太多了？ / 照片拍攝資訊

Q020：版權要一張張加上去嗎？　　056
建立中繼資料範本
套用版權到圖片檔案中 / 怎麼刪除不用的中繼資料？

Q021：常用的檔案夾可以設定捷徑嗎？　　058
增加 / 移除我的最愛

Adobe Bridge
數位照片管理 問答篇 | 02

Q022：最近使用的檔案放在哪裡？   **059**
顯示 Photoshop 最近編輯的檔案

Q023：相同場景的縮圖太多了？   **060**
群組堆疊相同場景的照片 / 該怎麼堆疊縮圖呢？
選取堆疊在一起的圖片 / 堆疊群組可以做什麼？ / 取消堆疊？

Q024：該如何批次修改檔案名稱？   **062**
指定批次命名原則

Q025：該如何批次修改拍照時間？   **063**
重新調整拍攝日期與時間

Q026：批次快速存檔   **064**
影像處理器

Q027：轉存預設集   **065**
設定「轉存」資訊

Q028：Bridge 要怎麼刪除檔案？   **066**
該怎麼分類為「拒絕」？
取消「拒絕」的分類 / 該怎麼「刪除」檔案？

Q029：Bridge 要怎麼複製檔案？   **068**
複製：建立檔案副本 / 拷貝：快速鍵 Ctrl + C
拷貝至：指定拷貝檔案夾 / 移至：移動檔案到其他位置

Q030：檔案的分級與標籤   **070**
建立檔案分級 / 建立檔案標籤 / 移除分級與標籤

Adobe Bridge
數位照片管理 問答篇　02

Q031：Bridge 縮圖上的編輯記號？　**072**
編輯參數顯示在中繼資料內 / 找不到中繼資料面板？

Q032：如何移除 RAW 編輯紀錄？　**073**
JPG 與 DNG 沒有 XMP？

Q033：Bridge 可以旋轉圖檔嗎？　**074**
工具列的旋轉工具

Q034：Bridge 可以旋轉影片嗎？　**075**
影片要怎麼旋轉？
使用 Photoshop 旋轉影片 / 試試其他的影片程式

Q035：Bridge 越跑越慢？　**076**
清除特定檔案夾的快取 / 清除所有快取 / 快取常用的偏好設定
快取大小 / 離開時壓縮快取 / 清除「N」天前的快取

Q036：檔案格式與程式的關聯　**078**
檔案開啟在預設程式中

Q037：JPG 總是開到其他的程式中？　**079**
指定 JPG 的預設程式

Q038：蘋果手機的照片打不開？　**080**
設定蘋果手機 / Bridge 讀不到 HEIC
下載 HEIC 轉換程式 / 檢視 HEIC 的縮圖
轉換 HEIC 為 JPG 格式

Camera Raw
數位暗房環境介面 問答篇 | 03

Q039：Camera Raw 怎麼更新？　　084
確認為「最新版本」

Q040：檢查 Camera Raw 的版本？　　085
透過偏好設定觀察版本

Q041：Camera Raw 要怎麼開啟 RAW 格式？　　086
可以在 RAW 縮圖上快速點兩下嗎？
建議使用 Bridge 的 在 Camera Raw 中開啟

Q042：Camera Raw 可以編輯 JPG 格式嗎？　　087
增在 Camera Raw 中編輯按鈕失效？

Q043：Camera Raw 是英文介面？　　088
Bridge 中變更語系 / Camera Raw 介面環境

Camera Raw

數位暗房環境介面 問答篇 | 03

Q044：攝影計畫有幾套 Camera Raw ？   **090**
使用 Photoshop 內建的 Camera Raw 開啟 RAW
使用 Photoshop 內建的 Camera Raw 開啟 JPG
Camera Raw 程式 Camera Raw 濾鏡

Q045：Camera Raw 常用快速鍵   **092**
Camera Raw 完整的快速鍵列表
局部工具常用快速鍵
污點移除 / 變形工具 / 調整筆刷 / 漸層濾鏡 / 放射狀濾鏡

Q046：Camera Raw 的色彩空間？   **094**
相機選哪一種色彩呢？ / 指定 JPG 的色彩空間？
指定 RAW 的色彩空間？ / 儲存工作流程預設集

Q047：色彩描述檔不相容？   **096**
關閉不相容的詢問

Q048：該如何結束 Camera Raw ？   **097**
完成編輯

Camera Raw
數位暗房環境介面 問答篇 | 03

Q049：儲存 DNG 格式的好處　　098
DNG 格式的儲存設定

Q050：依據輸出需求儲存 JPG　　099
JPG 格式的儲存設定

Q051：進入 Photoshop 的方式？　　100
開啟影像 / 開啟物件
Camera Raw 進入 Photoshop 的三種方式

Q052：修改前後的比對按鈕　　102
循環切換比對 / 循環比對偏好設定
修改前後比對 / 目前面板比對

Q053：可以一次開啟很多檔案嗎？　　104
開啟的檔案數量
該如何選取所有的檔案
批次「鏡頭校正」

Q054：可以同時校正 999 個檔案嗎？　　106
建立鏡頭校正預設集
保留預設集到我的最愛
套用鏡頭校正預設集

Camera Raw
數位暗房環境介面 問答篇 | 03

Q055：讓參數恢復預設值　　**108**
單獨一個參數歸零
恢復 Camera Raw 預設值
批次清除所有的編輯參數

Q056：面板所有參數恢復預設值　　**110**
使用面板比對按鈕
移除色調曲線控制點
恢復色調曲線預設值

TIPS：環境介面私房技巧　　**112**
還原與重作
RAW 跳開 Camera Raw
移除開啟的檔案
擴大影像編輯區
設定星級與標籤
全螢幕模式
限制 RAW 開啟的位置
重設面板　　**114**
循環切換選取檔案
白平衡工具選單
工具的右鍵選單
更快控制筆刷尺寸
限制漸層濾鏡方向
Camera Raw 閃退

Camera Raw
數位暗房工具面板 問答篇 | 04

Q057：Camera Raw 編輯順序？   **118**

校正色差與鏡頭外側變形 / 什麼是「移除色差」？ / 鏡頭描述檔

Q058：抓不到鏡頭描述檔？   **120**

自訂鏡頭描述檔 / 儲存鏡頭資訊 / 校正鏡頭扭曲 / 什麼是暈映？

Q059：校正照片的變形與歪斜   **122**

校正工具 / 校正前必須確認鏡頭資訊
Upright 校正變形 / 拉直工具 / 翻轉影像

Q060：裁切工具選單不能顯示？   **124**

裁切工具常用快速鍵 / 裁切方向可以旋轉嗎？ / 該怎麼取消裁切？

Q061：裁切工具可以設定比例嗎？   **126**

比例的數字怎麼相反？ / 裁切比例可以自訂嗎？
裁切範圍調起來卡卡的？ / 完成裁切後要怎麼離開？

Q062：該怎麼全自動曝光？   **128**

試試半自動曝光

Q063：指定自動曝光為預設值   **129**

Camera Raw 偏好設定

Q064：自動曝光批次處理   **130**

建立自動曝光預設集 / 將預設集加入我的最愛 / 批次套用自動曝光

Q065：陰影過暗記號   **132**   **Q066：亮部過曝記號**   **133**

檢查過暗範圍   檢查過曝範圍

Camera Raw
數位暗房工具面板 問答篇

04

Q067：太暗怎麼辦？　**134**
提高暗部的亮度

Q068：過曝怎麼調整？　**135**
拉回過曝區域的細節

Q069：該怎麼校正白平衡？　**136**
怎麼知道白平衡不正確？
最方便：自動白平衡 / 最推薦：白平衡工具

Q070：白平衡選單怎麼變少了？　**138**
RAW 格式的白平衡選單 / 白平衡的預設值

Q071：RAW 與 JPG 的支援度　**139**
比對細部面板 / JPEG 格式的鏡頭校正

Q072：色調曲線 控制 RGB 色版　**140**
紅色色版 / 綠色色版 / 藍色色版

Q073：暗房技巧交叉沖印　**142**
色調曲線：紅色 / 色調曲線：綠色 / 色調曲線：藍色

Q074：該怎麼轉換為黑白照片？　**144**
多樣化的黑白配方 / 調整黑白間的色彩明度 / 轉換復古的單色照片

Q075：銳利的範圍該怎麼調整？　**146**
遮色片控制銳利化範圍

Q076：該怎麼減少雜點？　**147**
減少雜點的程序

Q077：人像照該怎麼調整銳利？　**148**
人像照更柔和

Camera Raw
數位暗房工具面板 問答篇 | 04

Q078：紋理、清晰度 去朦朧的差異？   **149**
紋理 / 清晰度 / 去朦朧

Q079：可以換顏色嗎？   **150**
讓迎光面的樹葉更亮 / 天空更藍 / 健康的小麥膚色

Q080：移除多餘的人物   **152**
移除範圍有殘影？

Q081：移除鏡頭入塵   **153**
讓污點痕跡更明顯 / 關閉覆蓋點

Q082：如何使用明度遮色片？   **154**
步驟 A：先建立作用範圍
步驟 B：限制明度範圍 / 步驟 C：限制亮度

Q083：如何使用顏色遮色片？   **156**
步驟 A：先建立作用範圍
步驟 B：限定顏色範圍 / 步驟 C：調整選取範圍

Q084：如何減少暗部雜點？   **158**
限制範圍在暗部

Q085：如何增加照片的雜點   **159**
增加邊緣暗角

Q086：如何製作美肌筆刷？   **160**
儲存參數成為美肌筆刷

Camera Raw
數位暗房工具面板 問答篇
04

Q087：如何製作眼神銳利筆刷？　　**161**
儲存參數成為銳利筆刷

Q088：建立高品質的 HDR　　**162**
合併 HDR 要幾張照片？／步驟一、選取三張照片
步驟二、合併 HDR ／步驟三、儲存並完成 HDR

Q089：HDR 的照片間自動對齊　　**164**
HDR 合併後自動曝光

Q090：加強 HDR 照片的銳利度　　**165**
顏色快調的強勢銳利化

Q091：令人驚豔的全景合併　　**166**
拍攝全景照片的準則／步驟一、選取接合的照片
步驟二、合併為全景／步驟三、儲存並完成全景

Q092：全景邊界彎曲校正　　**168**
顯示更多全景範圍

Q093：全景出現怪異接合？　　**169**
全景內容感知填滿

TIPS：工具面板私房密技　　**170**
檢查過曝／太暗區域
找到色調曲線控制點／ 這樣就能看到明度範圍
限制明度範圍更精準／讓遮色片更明顯的方式
突破參數 100% 的極限／刪除覆蓋點　　**172**
就是選不到「覆蓋點」？／覆蓋點不見了？
檢視工具的 Bird View ／污點移除的延伸功能

Photoshop
工具介面 技巧篇　05

Q094：Photoshop 可以做什麼？ 　176
檢查 Photoshop 的版本 / Photoshop 常用工作區
工具與表單 / 影像後製常用面板 / 工作介面設定

Q95：攝影人常用工作區是？ 　178
工作區弄亂了也沒關係
工具箱可以改成兩列嗎？ / 找不到功能表中的指令？

Q96：面板與編輯區位置調整 　180
浮動面板 / 編輯區的視窗控制
分割視窗 / 同一個檔案開兩個視窗

Q097：Photoshop 視窗顏色 　182
視窗顏色與文字大小

Q098：Photoshop 螢幕顯示模式 　183
標準螢幕模式 / 具選單列的全螢幕模式 / 全螢幕模式

Q099：指定工作區域的顏色 　184
偏好設定中指定工作介面的顏色

Q100：參考線與各種控制項的顏色 　185
控制透明方格的顏色 / 指定參考線、格點與切片顏色

Q101：Photoshop 工具列表 　186
工具選單中的快速鍵，究竟是給哪一個工具使用呀？
選取工具 / 裁切範圍工具 / 度量工具 / 修補與潤飾
繪畫填色 / 繪圖和文字 / 檢視導覽 / 工具使用的「前景色 / 背景色」

Q102：不用的工具可以移除嗎？ 　188
自訂工具列

Q103：那個點點點是什麼工具？ 　189
找不到前景色 / 背景色？

Photoshop
工具介面 技巧篇 | 05

Q104：工具選項列變成圖示了？   **190**
關閉縮窄選項列設定

Q105：工具列出現動畫教學？   **191**
關閉豐富媒體工具提示

Q106：哪裡可以看到所有的快速鍵？   **192**
這個工具快速鍵很常用
Photoshop 工具常用快速鍵 / 常用指令快速鍵

Q107：Photoshop 中的單位   **194**
不要手動輸入單位 / 指定尺標的單位

Q108：該怎麼設定出血範圍？   **195**
重新指定尺標「零」點 / 快速建立多欄參考線

Q109：建立新檔案教戰技法   **196**
首頁切換按鈕 / 新檔案：沖洗印刷
新檔案：螢幕觀看 / 什麼是「工作畫板」？
建立背景「透明」的檔案 / 使用「舊版」新建檔案

Q110：檔案標籤暗藏玄機   **198**
檔案標籤上的小技巧 / 將檔案從標籤中拉出來
浮動視窗也很方便 / 需要檔案永遠「浮動」 / 關閉所有開啟的檔案

Q111：圖片尺寸縮小與放大   **200**
哪裡可以看到影像尺寸？ / 縮小影像尺寸
圖片放大縮小的取樣方式 / 圖片原始的尺寸？ / 變更影像的解析度

Q112：圖片的複製與貼上   **202**
複製範圍還是圖層？ / 圖片分散在很多圖層該怎麼複製？
為什麼不能貼到其他的應用程式中呢？

Photoshop
工具介面 技巧篇 | 05

Q113：工具與指令不能使用？　　**203**
變更檔案的色彩模式為 RGB / 選擇正確的圖層

Q114：增加裁切圖片的自由度　　**204**
隱藏裁切以外的範圍 / 轉正圖片與內容感知填滿
限制裁切範圍 / 變更裁切構圖線

Q115：歪斜的看板海報也能裁切　　**206**
使用透視裁切工具

Q116：楊比比最愛選取裁切　　**207**
指定一組快速鍵給「裁切」

Q117：控制局部範圍的大小與角度　　**208**
變形工具的右鍵選單 / 快速鍵 Ctrl 很常用
利用移動工具來變形 / 任意變形等比例模式 / 結束任意變形

Q118：好玩的魚眼變形　　**210**
任意變形：彎曲模式

Q119：改變平面視角的透視彎曲　　**211**
變更建築物的透視角度

Q120：增強的變形彎曲　　**212**
啟動彎曲模式 / 傳統的變形彎曲 / 自訂格點數量 / 手動建立格線

Q121：影像置入區邊框工具　　**214**
使用邊框工具限制範圍 / 置入圖片並調整邊框 / 置入圖片到邊框
調整圖片位置與尺寸 / 複製邊框 / 變更圖片內容

Photoshop
工具介面 技巧篇 | 05

Q122：神奇的內容感知技法　　**216**

包含「內容感知」的工具與指令 / 內容感知的修復範圍
內容感知填滿 / 觀察需要「感知」的範圍 / 內容感知填色
污點修復筆刷工具 / 修復筆刷工具 / 修補工具 / 內容感知移動工具

Q123：拉寬圖片內容不變形　　**220**

先擴張版面範圍 / 保護主體範圍 / 內容感知比率

Q124：微動畫操控彎曲　　**222**

智慧型物件的好處 / 轉換智慧型物件
轉換為一般點陣圖層 / 啟動視覺網紋 / 加入彎曲圖釘

Q125：老中青三代的選取工具　　**224**

選顏色相近的區域那就用魔術棒
選取連續色彩使用快速選取工具 / 選取聚焦範圍使用物件選取工具

Q126：這就是必學的去背程序　　**226**

選取主體 / 物件選取工具
建立圖層遮色片 / 啟動「選取並遮住」/ 毛髮去背的關鍵

TIPS：物件選取必學技巧　　**230**

載入圖層範圍 / 縮小、擴張選取範圍
平滑、邊界範圍控制 / 選取範圍的羽化
選取並遮住 / 使用「增加」為預設值 / 一定要背起來的快速鍵

TIPS：介面檢視必學技巧　　**232**

參數可以拖曳調整 / 取消與重設是同一個按鈕
拉近圖片產生格線？ / 把視窗外的圖片顯示出來
修剪「空白與透明」範圍 / 檢視圖片的色彩空間 / 圖片的色彩描述

Photoshop
外掛資源 懶人包 | 06

Q127：儲存相機描述檔   **236**
什麼是相機描述檔？ / 套用相機描述檔

Q128：儲存風格預設集   **237**
搜尋風格預設集 / 套用 ACR 預設集

Q129：安裝外掛濾鏡   **238**
濾鏡找不到 Photoshop？ / 關於 Nik Collection

Q130：Photoshop 更新濾鏡不見了？   **239**
哪裡可以看到版本？
重新安裝外部資源 / 搬遷外部資源

Q131：筆刷圖樣資源   **240**
搜尋筆刷圖案
能使用筆刷圖案的工具 / 匯入筆刷圖案
匯入筆刷 / 複製到外部資源檔案夾 / 匯出筆刷圖案

Q132：筆刷控制懶人包   **242**
筆刷變成十字記號？
為什麼要用大寫鍵切換筆刷外觀？
快速顯示筆刷面板 / 2020 筆刷預設集由面板控制
最常用來控制筆刷尺寸的快速鍵 / 設計師都這樣調整筆刷

Photoshop
外掛資源 懶人包 | 06

Q133：2020 匯入外部資源大改版   **244**
功能表「視窗」中開啟外部資源面板
調整面板中開啟
資源匯入匯出：動作 / 筆刷 / 色票
資源匯入匯出：漸層 / 圖樣 / 形狀 / 樣式

Q134：管理外部資源   **248**
遷移預設集
匯入 / 匯出外部資源 / 匯入外部資源到選單

Q135：預設集管理員 管理外部資源   **249**
預設集管理員
刪除不用的資源 / 匯出資源成為獨立檔案

Q136：建立與匯出顏色查詢   **250**
匯入色調到顏色查詢

Q137：建立與匯出色版混合器   **251**
匯入色調到色版混合器

Q138：Adobe 提供免費擴充功能   **252**
擴充功能 關鍵字 / 免費的 Photoshop 功能
安裝擴充功能 / 擴充功能安裝在哪裡呢？
移除不用的擴充功能 / Creative Cloud 同步化

Photoshop
熱門課程 實戰篇 | 07

EX01：完整數位暗房程序   **256**

練習重點

進入 Camera Raw / 設定工作流程

鏡頭校正 / 變形校正 / 拉直工具 / 裁切構圖 / 調整暗部曝光

控制亮部曝光 / 加強細節與飽和度 / 進入 Photoshop

EX02：HDR 高動態合併程序   **262**

練習重點

開啟多張 RAW 格式 / 合併為 HDR

控制 HDR 合併參數 / 移除雜物 / 智慧型物件進入 Photoshop

EX03：擺脫智慧型物件的編輯限制   **266**

練習重點

了解智慧型物件圖層的特性 / 新圖層中修補、編輯、仿製

EX04：堆疊智慧型物件圖層   **270**

練習重點

手動指定鏡頭描述檔 / 同步曝光 / 楊比比私房飽和度

EX05：合併智慧型物件   **274**

練習重點

任意變形 / 圖層遮色片 / 全新的合併圖層 / 建立智慧型物件

EX06：智慧型物件套用 Nik 濾鏡   **278**

練習重點

套用 NIK 濾鏡 / Upoint 控制 / 智慧型濾鏡 / 智慧型濾鏡選項

TIPS：智慧型物件 懶人包   **284**

建立、轉換智慧型物件 / 轉換為物件 / 點陣化圖層 / 右鍵選單

Photoshop
熱門課程 實戰篇 | 07

EX07：海報模板設計（一）　286
練習重點

建立邊框 / 置入圖片到邊框 / 調整圖片與邊框尺寸 / 邊框的問題

EX08：海報模板設計（二）　292
練習重點

轉換形狀為邊框 / 圖片嵌入邊框 / 同時調整邊框與圖片

EX09：人像合成（一）修身曝光處理　294
練習重點

移除編輯紀錄 / 人物瘦身 / 曝光控制 / 控制雜點與銳利化

EX10：人像合成（二）髮絲去背　298
練習重點

三種必學的選取方式 / 選取並遮住 / 刷出髮絲 / 移除雜色

EX11：人像合成（三）置入背景圖片　304
練習重點

置入圖層的兩種方式 / 任意變形的右鍵選單

EX12：人像合成（四）統一色調與光源　306
練習重點

即時切換取樣器 / 筆刷工具 / 圖層混合模式 / 複製並調整遮色片

EX13：人像合成（五）個人版權與存檔　310
練習重點

建立版權檔案 / 儲存能紀錄圖層的 TIF 格式

01

攝影不只是
按快門

還需要暗房

2019/07/13, 03:19pm
SONY NEX-5N 18-55mm f/3.5-5.6
1/100 秒 f/5.0 ISO 100
攝影 楊 比比 /鶯歌陶瓷博物館

Q001

什麼是
數位暗房？

底片時代稱為「暗房」的小黑屋，到了數位時代，就稱為「數位暗房」。簡單的說就是「編輯數位照片的環境」。

數位照片所有的缺陷，幾乎都可以在數位暗房進行修正，拉水平、裁切構圖、調整明暗曝光、變更白平衡、減少長時間曝光的雜點等等。

數位暗房的軟體是？

Lightroom 或是 Camera Raw。

怎麼沒有 Photoshop？

Photoshop 稱為「影像處理」軟體，可以用來製作很多玄幻的畫面，合成、疊圖、套用濾鏡、加入文字，簡單的說就是「數位暗房」的後續工具軟體。

該準備哪些軟體呢？

目前市場佔有率最高的是 Adobe 這家公司推出的 Lightroom 系統與 Photoshop 系統，如果同學沒有數位處理方面的經驗，楊比比建議大家選擇「Photoshop 系統」。

Photoshop 系統

Br Adobe Bridge
檔案管理與整合

CR Adobe Camera Raw
數位暗房軟體

Ps Adobe Photoshop
影像處理後製軟體

Lightroom 系統

Lr Lightroom Classic
檔案整合與數位暗房軟體

Lr Lightroom
簡易版的數位暗房

該怎麼購買軟體？

Adobe 推出月租的「攝影計畫」包含「Photoshop 與 Lightroom」兩個系統，共有三個方案。就目前的三款方案來說，楊比比建議大家選擇第一個方案，除了「Photoshop 與 Lightroom」兩套完整的系統，還有 20GB 的雲端空間，價格也在接受範圍內。同學們也可以搜尋「Adobe 攝影計畫」進入官方網站，了解詳細的方案內容，或是看看價格有沒有波動。

	方案一 攝影計畫（20GB）	方案二 攝影計畫（1TB）	方案三 Lightroom 計畫
Lightroom	○	○	○
Lightroom Classic	○	○	
Photoshop	○	○	
Bridge	○	○	
Camera Raw	○	○	
雲端空間	20GB	1TB	1TB
每月費用	**台幣 326**	**台幣 641**	**台幣 326**

資料來源：Adobe 官方網站 / 參考日期：2020.01.14

可以安裝幾台電腦？

幾台都可以（先別高興）但只有兩台能同時使用，如果有第三台電腦要編輯照片，必須在「**有網路的環境下**」退出一台，才能登入帳號開啟軟體。

退租之後還能使用軟體嗎？

中止付款，當天軟體就不能使用了，Adobe 會把雲端空間會縮為 2GB，並且給我們 90 天搬家的時間，動作要快，逾期不候。（請搜尋「**Adobe 商店線上訂購**」就能找到取消訂購的相關資訊與條款）。

Q002

軟體要怎麼安裝？

加入「Adobe 攝影計畫」的月租方案後，就可以到官方網站下載 Adobe Creative Cloud。

Adobe Creative Cloud 長這樣

下載 Adobe Creative Cloud 之後，請依據指示將軟體安裝完成，就可以在 Creative Cloud 中「攝影計畫」所有的軟體。

只要下載 Creative Cloud 一套

沒錯！ Adobe 攝影計畫所需要的軟體，都可以在 Creative Cloud 環境中安裝完成。

安裝攝影計畫

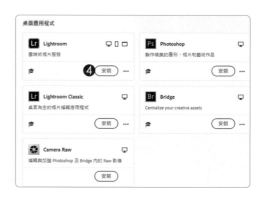

1. 進入 Creative Cloud 介面
2. 單響「應用程式」
3. 類別「攝影」
4. 單響「安裝」按鈕
   安裝攝影計畫中主要的五套軟體

Adobe Creative Cloud 程式介面在 2019 年 10 月份大幅修改，同學手上的 Creative Cloud 如果跟楊比比的不同，記得趕快更新喔！

自動啟動 Creative Cloud

1. Creative Cloud 介面中
2. 單響齒輪「選項」按鈕
3. 類別「一般」
4. 設定是否要自動開啟
   Creative Cloud 程式
5. 設定是否要自動更新
   Creative Cloud 程式
6. 單響「完成」按鈕

自動更新攝影計畫

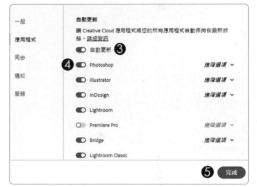

1. 單響齒輪「選項」按鈕
2. 類別「應用程式」
3. 開啟「自動更新」
4. 指定要更新的應用程式
5. 單響「完成」按鈕

如果「自動更新」沒有作用（別急），試著單響**功能表「輔助說明」選單內的「檢查更新」**，就能重新偵測 Creative Cloud 的更新狀態。

Q003

軟體更新後程式還是舊的？

楊比比自己沒有碰過，但身邊的攝影夥伴們遇過幾次，已經透過 Creative Cloud 更新軟體，但 Photoshop 還是舊版（真是奇了怪了）；建議同學移除電腦中的 Creative Cloud，重新安裝一次程式，應該就能改善這種無法正常更新軟體的問題。

搜尋關鍵字

解除安裝 Adobe Creative Cloud

▲ 選擇寫著「桌面應用程式」的這一個連結

移除 Creative Cloud 桌面應用程式

進入 Adobe 的官方網頁後，往下略為拖曳滑桿，就能看到下載移除程式的選項（1），同學可以依據自己的作業系統，下載解除安裝程式。

單響箭頭記號（2）展開項目，單響「取得檔案」下載解除安裝程式。

Q004

可以移除 Photoshop 嗎？

可以。但不是把 Adobe 的資料夾整個扔進「資源回收筒」，必須 在 Adobe Creative Cloud 中選取需要解除的應用程式，再依據指定的方式，移除程式。

1. 開啟 Creative Cloud
2. 位於「應用程式」類別中
3. 單響「所有應用程式」

移除 Photoshop 以及之前的舊版本

1. 找到 Photoshop
   或是需要移除的程式
2. 單響「...」這個按鈕
3. 單響「解除安裝」就能移除程式
4. 如果要移除其他舊版本
   請單響「其他版本」
5. 在「版本」類別中
6. 單響「解除安裝」移除舊版本

Q005

免費使用 Adobe Fonts

Adobe Font 是 Adobe 提供給客戶（就是我們啦）使用在網頁或是設計作品中的字型。

我們可以透過 Creative Cloud 中的資源連結到 Adobe Font 的網頁，搜尋並下載需要的字型。

▲ 單響資源中的「字型」即可連結到 Adobe 官方網站所提供字型下載網頁

進入 Adobe Fonts

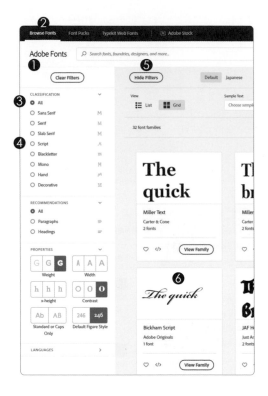

1. 進入 Adobe Fonts 網頁
2. 使用 Browse Fonts 瀏覽字型
3. 篩選介面中單響「All」顯示所有字型
4. 也可依據需求篩選需要的字型
5. 單響「Hide Filters」可以關閉左側篩選工具介面
6. 點擊字型縮圖即可進入下載頁面

啟用 Adobe Fonts

1. 進入字型下載頁面
2. 開啟 All Fonts Active
   便能啟動字型安裝到系統中
3. 字型中會顯示
   可以使用的版權範圍
4. 單響 My Adobe Fonts
5. 就能看到安裝好的字型

正常來說，安裝好字型就可以使用，但有些時候需要重新開啟 Photoshop 或是重新啟動 Creative Cloud 才能載入安裝好的字型。

有中文字型嗎？

1. 在 Adobe Fonts 網頁
2. 使用 Browse Fonts 瀏覽字型
3. 單響「Japanese」
4. 顯示日文漢字型
5. 單響字型縮圖
   即可進入下載頁面安裝字型

Adobe Fonts 提供日文字型中有不少漢字可以使用，這些字型多半支援個人與商業用途，數量不少，同學可以多加利用。

Q006

Behance 是什麼？

這是 Adobe 提供給設計人或是攝影人一個學習、發表作品，以及展現創意的平台，同學可以透過 Creative Cloud 介面進入 Behance 網頁，選幾個自己特別喜愛的類別，就可以在網站中發表自己的作品，當然也可以觀摩來自世界各地的優秀創作。

▲ 單響資源類別中的「Behance」即可連結到 behance.net 網站中

設定喜愛的作品類別

1. 進入 Behance 網站
2. 勾選喜愛的主題
3. 單響「查看我的自訂摘要」
4. 就能顯示 Behance 推薦內容

Q007

別放過免費教學影片

之前有同學問過楊比比「Adobe 的免費教學影片放在哪裡？」就放在 Creative Cloud 中。

同學可以在 Creative Cloud 的「資源」類別中，單響「教學課程」就能立即連結到 Adobe 原廠提供的教學網頁中。

▲ 單響資源類別中的「教學課程」即可連結到 Adobe 的教學網頁中

進入 Adobe 教學網頁

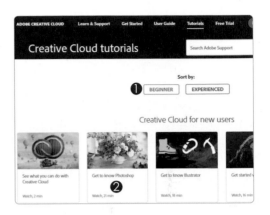

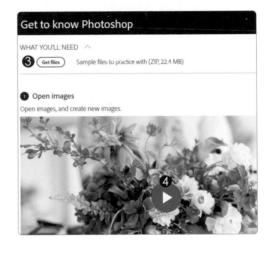

1. 先單響「BEGINNER」（初學者）
2. 從 Photoshop 開始
3. 就可以進入影片觀看頁面
   單響「Get files」下載範例
4. 單響播放按鈕開始觀看影片

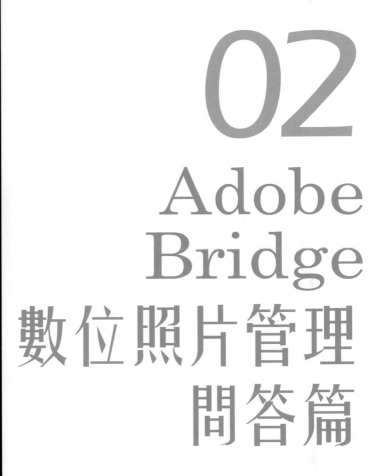

02
Adobe
Bridge
數位照片管理
問答篇

2018/08/12, 01:06pm
Nikon D610 16-35mm f/4
1/500 秒 f/4 ISO 1250
攝影 楊 比比 / 新港香藝文化園區

Q008

一定要安裝
Bridge 嗎？

Bridge 是 Adobe 公司溝通各種不同軟體的橋樑，也是很棒的看圖軟體，不僅能看到各種格式的圖片（PSD、AI、EPS），還能解析最新的RAW 格式，只要進入 Adobe Bridge 找到存放 RAW 格式的檔案夾，就能顯示 RAW 格式的影像內容，絕對不是那個看不到照片的小圖示喔！

看不到 RAW 的縮圖？

DSC0020.ARW

DSC0021.ARW

Bridge 可以看到
RAW 格式的縮圖

DSC0020.ARW

DSC0021.ARW

隨時檢查軟體是否要更新

1. 開啟 Birdge 單響「說明」
2. 執行「更新」
3. 就會開啟 Creative Cloud
   在「應用程式」中
4. 選擇「攝影」類別
5. 就能看到 Bridge 是否要更新

Adobe Creative Cloud 在 2019 年 9 月下旬大幅更新，還沒有更新的同學，記得更新軟體，才能順利下載（或是更新）最新的 Adobe 應用程式喔！

檢查 Bridge 版本

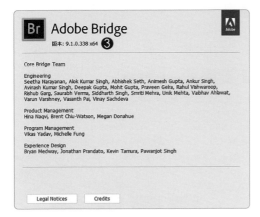

1. 開啟 Birdge 單響「說明」
2. 執行「關於 Bridge」
3. 目前版本為 9.1.0
   單響一下目前對話框
   就可以關閉版本畫面

Bridge 的版本跟 Photoshop 版本要統一，如果一個是 CC 2018，另一個是 CC 2019，可能會銜結不上，造成檔案無法正常開啟喔！

更新了哪些功能呀

1. 開啟 Birdge 單響「說明」
2. 執行「新增功能」
3. 自動開啟瀏覽器
   進入 Adobe 官方網站
   顯示 Bridge 此次改版的新功能

除了隨時檢查 Createive Cloud 是不是有更新之外，還得了解 Bridge 到底更新了哪些功能才是王道，記得看一下網頁中的新的控制功能喔！

Q009

Bridge 要怎麼開始使用呀？

Bridge 跟一般的看圖軟體或是作業系統中的檔案總管沒有太大差別，同學還是得找到存放圖片的檔案夾，透過 Bridge 管理檔案夾中的圖片。

麻煩把視窗放大

很多同學都在筆記型電腦上進行後製修圖作業，螢幕本來就受限，如果還不放大視窗，找起圖片來就相當辛苦了，麻煩大家把 Bridge 的視窗放大（點一下紅圈處），有勞大家囉！

把「工作區」設定好

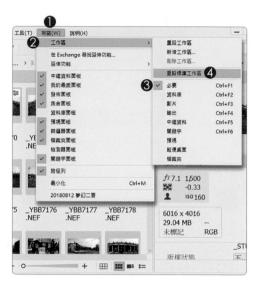

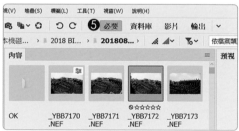

1. 功能表「視窗」
2. 單響「工作區」選單
3. 使用「必要」工作區
4. 如果工作區被弄亂了
   單響「重設標準工作區」
   就能還原囉
5. 顯示目前的工作區是「必要」

重點區域要記熟

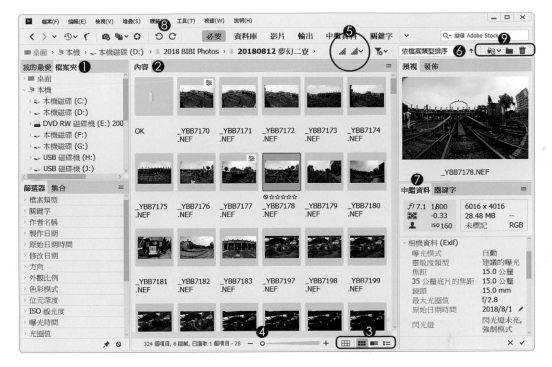

電腦的磁碟機

1. 放置在「檔案夾」面板中

檔案的縮圖管理

2. 內容面板顯示檔案夾縮圖

3. 這四顆按鈕可以改變縮圖樣式

4. 拉滑桿可以控制縮圖大小

5. 縮圖品質在這裡控制

6. 檔案縮圖的排列方式

檔案的拍攝資訊與版權

7. 放置在「中繼資料」面板中

檔案管理

8. 旋轉檔案方向

9. 檔案與檔案夾管理的三個按鈕

　　顯示最近開的檔案

　　建立新檔案夾

　　刪除檔案

Q010

檔案的縮圖
太小？太大？

這種事經常發生，同學千萬別在意，因為 Bridge 中有很多工作區，有時候變換工作區或是調整視窗內的面板位置，「內容」面板中的檔案縮圖都可能跟著「內容」面板的的大小進行調整。

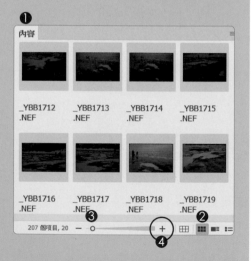

1.「內容」面板
2. 使用「內容縮圖」檢視模式
3. 拖曳「內容」面板下方滑桿或是
4. 單響「-」以及「+」按鈕
　　都可以調整「內容」面板
　　檔案的縮圖大小

檢視模式：縮圖格點

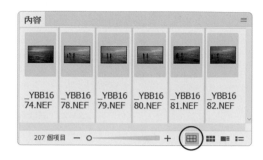

檢視模式：內容縮圖

內容縮圖，是「內容」面板預設的檢視模式，也是楊比比推薦的方式。

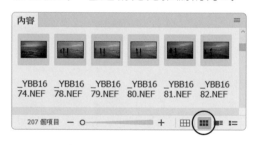

檢視模式：詳細內容與清單

詳細內容與清單，會把檔案的拍攝資訊顯示通通顯示在內容面板中。

Q011

內容縮圖
也有很多資訊？

昨天上課，有位同學提出這個問題「我選的是『內容縮圖』沒錯呀？但是縮圖下面有很多照片的資訊，可以關掉嗎？」。

看到了嗎？選的的確是「縮圖」模式（紅圈），但「內容」面板中的每個縮圖下方，除了檔案名稱，還顯示了拍攝日期與檔案大小，這些檔案資訊該從哪裡關掉？或是說該從哪裡打開呢？

縮圖專屬的偏好設定

1. 功能表「編輯 - 偏好設定」
2. 單響「縮圖」
3. 詳細資料項目中
4. 勾選需要顯示的類別

每個選單內都有完整的中繼資料資訊，同學可以依據需求，挑選適合的檔案資訊。 ▶

設定完成後，記得單響「偏好設定」視窗下方的「確定」結束設定喔！

Bridge 裡面的字變得很大？

作業系統（就是 Windows）顯示比例如果設定為 150% 或是更大，就會影響 Bridge 以及 Adobe 系統中所有軟體（包含 Photoshop）的視窗大小，雖然視窗文字都變大了，但也影響了部份工具的顯示。

▲ 檢查一下「設定 - 系統」當中的「顯示器」

調整顯示器的縮放比例

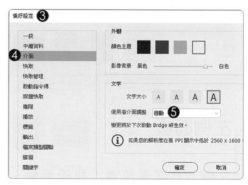

1. 打開作業系統中「設定」
   選取「系統」內的「顯示器」
2. 建議顯示比例為 100%
   或是 125%
3. Bridge 執行「編輯 - 偏好設定」
4. 選取「介面」
5. 使用者介面調整「自動」
   也可以設定為「100%」

Q014

Bridge 文字可以大一點嗎？

Bridge 面板中的文字的確可以再大一點，但絕不是符合老花眼看的那種「大」，而是一種極具「優雅」型態的大字，來看看。

▲ 設定 Bridge 介面為：最小字

▲ 設定 Bridge 介面為：最大字

設定介面顏色與文字尺寸

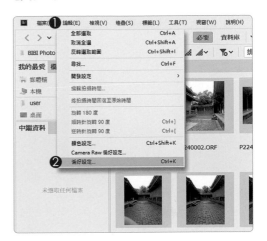

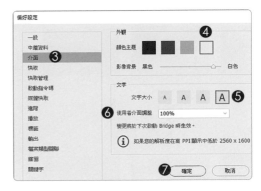

1. 功能表「編輯」
2. 執行「偏好設定」
3. 類型為「介面」
4. 選單「顏色主題」
   影像背景顏色會跟著主題變更
5. 文字大小指定為「最大字型」
6. 介面調整設定為 100% 或自動
7. 單響「確定」結束偏好設定

縮圖
新增功能

這算是 Bridge CC 2020 更新後的「雞肋」吧！本來不想寫，但版本更新後，仍然有幾位同學提出這個問題，好吧！那就來看看。

並排顯示

檔案資訊對齊灰色的縮圖範圍。

僅縮圖

僅顯示縮圖，不顯示檔案資訊。

開啟 並排顯示

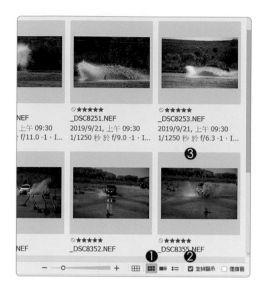

1. 模式「檢視內容縮圖」
2. 開啟「並排顯示」
3. 縮圖顯示灰色外框

關閉 並排顯示

1. 關閉「並排顯示」
2. 不顯示灰色外框，縮圖略大

Bridge 2020 專用

搜尋
檔案夾與圖片

Bridge 本來就有搜尋功能，但搜尋範圍僅限於 Adobe Stock，對於不需要圖庫的同學來說，用處不大；改版後，可以搜尋的平台變多了，方便很多呀！

_YBB2606.DNG
20 9 月
1/500 秒 於 f/11.0 -...

1. 單響搜尋向下箭頭按鈕
2. 選單內列出可以搜尋的平台
   新增搜尋作業系統
   以及 Bridge 檔案夾

進階搜尋

1. 單響搜尋向下箭頭按鈕
2. 執行「進階搜尋」
3. 確認「搜尋位置」在哪個磁碟機
4. 指定搜尋條件
5. 單響「＋」按鈕可以增加條件
6. 單響「尋找」按鈕
   Bridge 就會開始搜尋
   有問題可以隨時按下「取消」

Q017

讀入相機記憶卡內的照片？

可以！透過 Bridge 的相機下載程式，就可以讀入相機內的檔案。

先將相機接上電腦，或是取出記憶卡放入讀卡機中，進入 Bridge

1. 功能表「檔案」
2. 執行「從相機取得相片」

Bridge 相片下載程式

目前大家看到的相片下載程式是基本款，比較陽春，建議同學使用「進階」模式，功能比較完整。

1. 開啟相片下載程式
2. 單響「相片來源」選單
   相機或是記憶卡要先連接好
   選取相機或是記憶卡位置
3. 顯示選取的檔案數量
4. 單響「進階對話框」按鈕

Bridge 相片下載進階環境

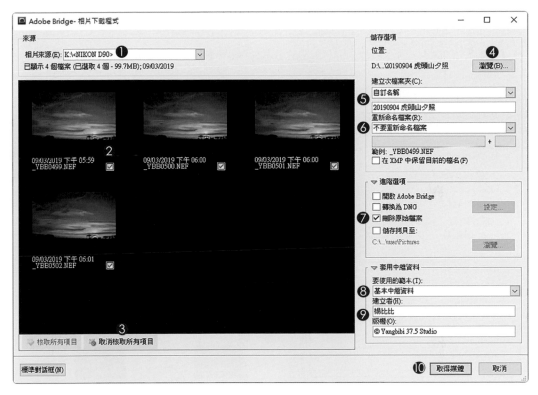

確認照片的來源

1. 選好記憶卡或是相機來源

2. 選取需要匯入的圖片

3. 也可以取消所有圖片的勾選
   自己手動選取需要匯入的照片檔案

指定儲存位置

4. 單響「瀏覽」指定存放位置

5. 次檔案夾設定為「自訂名稱」
   輸入次檔案夾名稱

檔案複製選項

6. 使用原始名稱「不要重新命名」

7. 勾選「刪除原始檔案」
   也可以不勾 (同學自己決定)
   勾選後會刪除記憶卡中的檔案，考慮一下喔！

中繼資料 (也就是版權資訊)

8. 使用「基本中繼資料」

9. 輸入「建立者」與「版權」

10. 按下「取得媒體」按鈕
    就可以將檔案讀入電腦硬碟中

Bridge 讀入照片後會多一個 XMP 檔案？

XMP 稱為中繼資料檔案，我們寫入的版權資訊就紀錄在這裡。

由記憶卡或是相機中讀入照片檔案時，如果加入版權資訊 (紅框) 每一個讀入的照片檔案，都會多一個用來紀錄版權的 XMP。

為什麼 Bridge 中看不到 XMP 檔案？

在 Bridge 預設的環境下，中繼資料檔案 (就是 XMP) 設定為「隱藏」，同學如果想看到 XMP，只要開啟「顯示隱藏的檔案」就可囉！

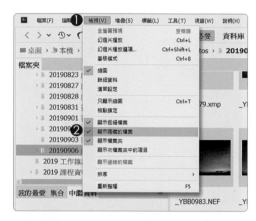

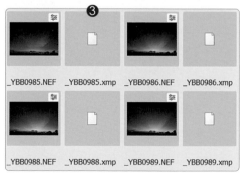

1. 功能表「檢視」
2. 開啟「顯示隱藏的檔案」
3. 就能在內容面板中
   看到 XMP 檔案縮圖

已經開啟「顯示隱藏檔案」還是沒有看到 XMP ？

喔！我知道了，這是檔案「排序」的問題，很可能是我們指定檔案的排列順序不是依據檔案名稱，而是依據檔案類型，所以看不到。

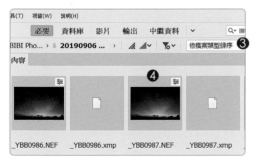

1. 排序「依類型排序」
2. 依據檔案類型 (也就是副檔名)
   排列檔案，XMP 可能在最下面
3. 變更排序「依檔案類型排序」
4. 就會依據檔案名稱
   排列檔案，就像畫面上這樣

由 Bridge 讀入照片檔案不想要有 XMP 耶

沒有問題。在 Bridge 中讀入檔案的時候，不要輸入版權，簡單的說就是中繼資料欄位設定為「無」，讀入的檔案就不會增加 XMP 檔案囉！

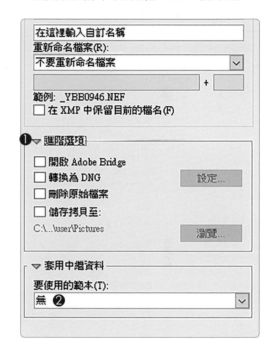

1. 功能表「檔案 - 取得相機照片」
   的「進階對話框」中
2. 套用中繼資料項目
   要使用的範本「無」
   讀入的圖片
   就不會產生 XMP 檔案

Q019

哪裡可以看到個人版權？

可以在「中繼資料」面板中看到個人版權以及照片的拍攝資訊。

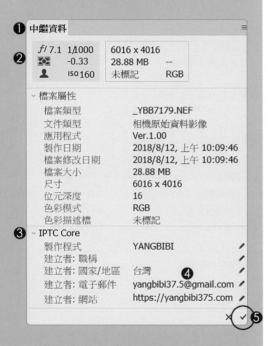

1. 功能表「視窗-中繼資料」面板
2. 顯示照片拍攝資訊
3. 單響箭頭記號展開類別

   IPTC Core 可以編輯個人版權
4. 單響欄位輸入資訊
5. 單響「✓」按鈕

中繼資料面板是空白的？

這是小事，很可能是選到無法顯示中繼資料的「檔案夾」，或是選到無法辨識中繼資料的檔案格式。

 ◀ 可能選到檔案夾或是根本沒有選到檔案

影片也可以設定版權？

可以。選取影片檔案後，就可以在「中繼資料」面板的 IPTC Core 區間內輸入個人版權資訊，輸入完成後，記得按下 Enter 或是「✓」。

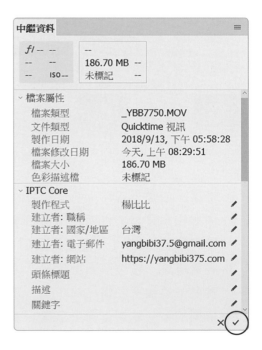

版權資訊的欄位太多了？

對攝影人而言，版權資訊中的欄位
實在太複雜了，用不到這麼多，沒
關係，欄位可以減少，來試試。

1. 單響中繼資料面板「選項」按鈕
2. 執行「偏好設定」
   也可以執行「編輯 - 偏好設定」
3. 中繼資料類別中
4. 控制 IPTC Core 顯示的欄位
5. 記得單響「確定」結束編輯

照片拍攝資訊

中繼資料面板中還能顯示照片的拍
攝資訊，光圈、快門、ISO 值、EV
以及白平衡與測光模式。

1. 光圈　　　　　4. ISO 數值
2. 快門速度　　　5. 測光模式
3. 曝光補償 EV　　6. 白平衡

矩陣	ESP 數位 ESP
點測光	多點測光
平均測光	局部測光
中央重點	其他

拍攝設定	鎢絲燈
自動	螢光燈
日光	閃光燈
陰天	自訂

Q020

版權要一張張加上去嗎？

不用啦！只要先製作好一份中繼資料（就是版權），就可以將中繼資料套用在所有的圖片中。

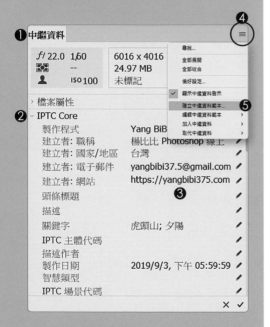

1. 中繼資料面板中
2. IPTC Core 區塊中
3. 輸入好相關的版權資訊
4. 單響「選項」按鈕
5. 執行「建立中繼資料範本」

建立中繼資料範本

中繼資料包含三個部份「照片的拍攝資訊」、「版權」以及「Camera Raw 的編輯資訊」附檔名為 XMP。

1. 也可以執行功能表「工具」選單中「建立中繼資料範本」
2. 輸入「範本名稱」
3. 勾選所有要加入的個人資訊
4. 記得選用「受版權保護」
5. 顯示使用的中繼資料數量
6. 單響「儲存」按鈕

套用版權到圖片檔案中

透過 Adobe Bridge 將所有需要套用版權的圖片都選起來，就可以透過「工具」選單，套用版權囉！

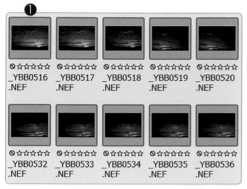

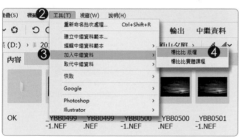

1. Adobe Bridge　選取圖片
2. 功能表「工具」
3. 選取「加入中繼資料」
4. 執行選單內儲存好的版權檔案

中繼資料套用完成後，單響「內容」面板中的縮圖，就可以透過「中繼資料」面板看到套用在照片中的版權，趕快去看一下啦！

怎麼刪除不用的中繼資料？

刪除比較麻煩一點，Bridge 沒有提供直接的刪除指令，我們得先到中繼資料檔案夾中才能刪除檔案喔！

1. Bridge 功能表「工具」
   單響「編輯中繼資料範本」
   選取任何一個中繼資料檔案
2. 單響「選項」按鈕
3. 執行「顯示範本檔案夾」

找到範本存放的檔案夾，同學心裡就該有底，選取用不到的中繼資料檔案，一次把它們給刪除囉。「編輯中繼資料範本」記得「取消」喔！

Q021

常用的檔案夾可以設定捷徑嗎？

可以。Adobe Bridge 中「我的最愛」面板就是用來放置常用的檔案夾捷徑，同學可以試著先開啟幾個常用的檔案夾位置。

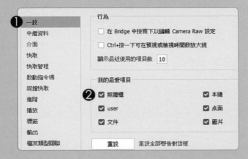

1. 功能表「編輯 - 偏好設定」
   進入「一般」類別
2. 勾選所有要顯示在面板中的項目
3. 就可以在「我的最愛」面板
   看到開啟的項目囉

增加 / 移除我的最愛

1. 檔案夾面板中
2. 選取要建立捷徑的檔案夾
3. 按下右鍵
   執行「增加到我的最愛」
4. 我的最愛面板中
5. 就會增加檔案夾
6. 檔案夾上按下右鍵
   執行「從我的最愛移除」
   就可以拿掉這個捷徑囉

Q022

最近使用的檔案放在哪裡？

這個很簡單，Bridge 收集了常用的檔案與檔夾，同學可以在視窗上方的工具列，找到「顯現最近使用的檔案夾」按鈕。

1. 單響「顯現最近使用」按鈕
2. 單響「顯示所有最近使用的檔案」就能在「內容」看到最近常用的檔案
3. 也可以單響最近使用過的檔案夾
4. 或是清除最近使用的檔案

顯示 Photoshop 最近編輯的檔案

1. 單響「最近開啟檔案」按鈕
2. 顯示 Photoshop 程式中最近編輯的 10 個檔案
3. 如果要增加檔案顯示的數量執行「編輯 - 偏好設定」
4. 單響「一般」類別
5. 就能設定檔案顯示的數量

Q024

該如何批次修改檔案名稱？

Bridge 給了一組還算詳細的批次修改檔案名稱的指令，程序有點多，請同學找幾個檔案，配合楊比比的步驟，練習一下。

1. 選取所有需要修改名稱的檔案
   哇！上面的照片有楊比比耶
2. 功能表「工具」
3. 執行「重新命名批次處理」
   快速鍵 Ctrl + Shift + R

指定批次命名原則

1. 更改檔案名稱後要放在哪個位置
2. 命名方式為「文字」
   文字內容為「虎頭山」
3. 順序編號為「1」共「三碼」
4. 單響「-」記號刪除多餘的欄位
5. 將原始檔案名稱保留在 XMP 中
6. 修改前後的檔案名稱
7. 單響「重新命名」按鈕
8. 修改後的檔案名稱

Q025

該如何批次修改拍照時間？

楊比比之前去西班牙，忘了修改相機的拍攝時間，回來後整理照片才發現「明明是中午，照片的時間卻是下午？」來改一下囉！

DSC02870.ARW　DSC02872.ARW　DSC02873.ARW　DSC02874.ARW

中繼資料

f/ 9.0　1/80	4912 x 7360	
	35.47 MB	--
AWB　ISO 100	未標記	RGB

相機資料 (Exif)
曝光模式	自動
亮度數值	8.75
靈敏度類型	建議的曝光指數 (REI)
建議的曝光指數	100
焦距	153.0 公釐
35 公釐底片的焦距	153.0 公釐
鏡頭	FE 70-200mm F4 G OSS
最大光圈值	f/4.0
原始日期時間	2016/6/7, 下午 05:04:30
閃光燈	閃光燈未亮, 強制模式
測光模式	中央重點平均
自訂演算	正常處理
白平衡	自動
數位變焦比率	100 %
場景擷取類型	標準
對比	0
飽和度	0

▲ 中繼資料顯示拍攝日期時間為下午

重新調整拍攝日期與時間

1. Bridge 中
   選取要變更日期時間的照片
2. 執行「編輯 - 編輯拍攝時間」
3. 台灣比西班牙快六小時
   所以使用「減去」類型
   減去「6 小時」
4. 單響「變更」按鈕

透過「編輯拍攝時間」變更後的時間與日期，可以再使用「變更為檔案的建立日期與建立時間」（紅框）還原成編輯前的拍攝日期與時間。

Q026

批次
快速存檔

認真分類起來，這款批次存檔的功能應該放在 Photoshop，但在 Bridge 選取檔案實在太方便了，因此經常在 Bridge 中使用「影像處理器」來進行批次存檔。

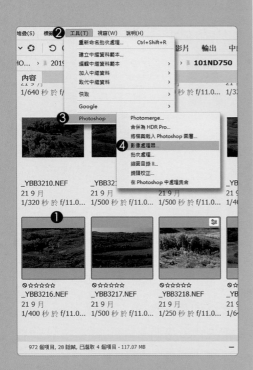

1. 選取需要轉存的檔案
2. 功能表「工具」
3. 單響「Photoshop」選單
4. 執行「影像處理器」

影像處理器

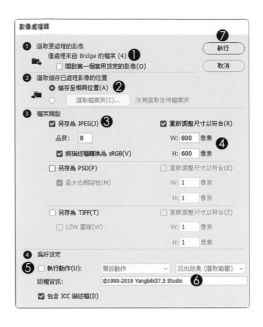

1. 進入 Photoshop
   開啟「影像處理器」對話框
   顯示要處理的檔案數量
2. 指定存放的檔案夾位置
3. 指定檔案類型
   可以轉存的檔案類型
   為 JPEG、PSD、TIFF
4. 還能調整影像尺寸
5. 轉存前可以套用
   動作面板中的「動作」
6. 加入「版權資訊」
7. 單響「執行」按鈕

Q027

Bridge CC 2020 專用

轉存
預設集

「轉存」是 Bridge CC 2020 的新功能,老實說這功能來的有點晚,管理就是 Bridge 的主要功能,沒有個稱手的轉存功能哪上得了檯面呀!來看看!新的喔!

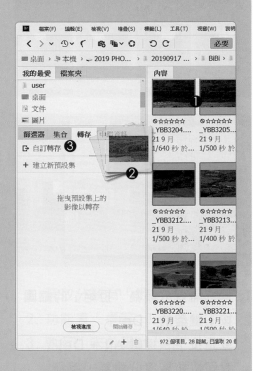

1. 選擇需要轉存的檔案
2. 拖曳到「轉存」面板
3. 中的「自訂轉存」項目上
   放開左鍵就能開啟「轉存」

設定「轉存」資訊

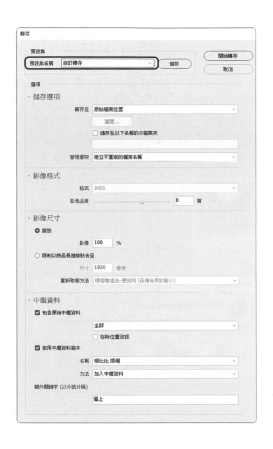

「轉存」裡面的設定很多,楊比比把每個項目都展開了,圖略小了一些,請大家多多見諒。

轉存主要分為「儲存選項:指定存放位置」、「影像格式:只能是 JPEG」、「影像尺寸」以及「中繼資料:能加入個人版權與關鍵字」四大類,同學們可以依據需求調整,並將資料儲存為新的「預設集」。

Q029

Bridge 要怎麼複製檔案？

同學千萬別不好意思，這個問題超多人問的 (真的！真的！) 。

Bridge 中有兩個看起來很像的指令「複製」以及「拷貝」究竟哪一個才是印象中的 Ctrl + C ？

答案藏在功能表「編輯」的選單當中，一起來看看。

Br	檔案(F)	編輯(E)	檢視(V)	堆疊(S)
	還原			Ctrl+Z
	剪下			Ctrl+X
	拷貝			**Ctrl+C**
	貼上			Ctrl+V
	複製			
	全部選取			Ctrl+A
	取消全選			Ctrl+Shift+A
	反轉選取範圍			Ctrl+Shift+I
	尋找...			Ctrl+F
	開發設定			>
	編輯拍攝時間...			
	將拍攝時間回復至原始時間			
	旋轉 180 度			
	順時針旋轉 90 度			Ctrl+]
	逆時針旋轉 90 度			Ctrl+[
	顏色設定...			Ctrl+Shift+K
	Camera Raw 偏好設定...			
	偏好設定...			Ctrl+K

看到了嗎？**「拷貝」才是我們印象中的 Ctrl + C**，複製不是喔！

複製：建立檔案副本

Adobe 向來有建立「副本」的傳統，大家熟悉的 Lightroom 動不動就會來個副本，所謂的「副本」相當於「立即複製檔案」+「立即貼上」快速「複製」出一個完全相同的檔案，讓我們能在保護原始檔案的狀態下，使用副本進行修改。

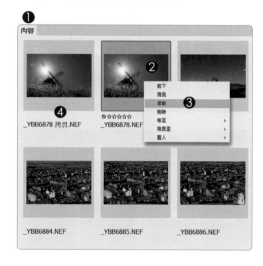

1. Bridge 「內容」面板中
2. 檔案縮圖上單響右鍵
3. 執行「複製」
4. 立刻複製出一個相同的檔案
   名稱後方多加「拷貝」

如果「複製」出來的檔案沒有顯示在目前檔案的旁邊，那很可能放在最後，同學把「內容」面板垂直滑桿拉到底，就能找到「複製」出來的檔案。

拷貝：快速鍵 Ctrl + C

拷貝就是印象中的「複製」，快速鍵是 Ctrl + C，需要搭配「貼上」指令 (快速鍵 Ctrl + V) 才能將「拷貝」下來的檔案，複製到其他的檔案夾中。Bridge 中拷貝下來的檔案，不僅能在貼在 Bridge，也能在作業系統環境中貼上喔！

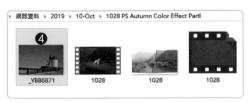

1. Bridge 「內容」面板中
2. 檔案縮圖上單響右鍵
3. 執行「拷貝」
   或是按下 Ctrl + C
   便能複製檔案到其他檔案夾
4. 或是進入作業系統的檔案夾中
   按下快速鍵 Ctrl + V
   便能將 Bridge 拷貝的檔案
   貼入目前的檔案夾中

拷貝至：指定拷貝檔案夾

「拷貝至」是楊比比最常使用的拷貝功能；「拷貝至」能記錄剛剛使用的檔案夾，並且能指定「拷貝」檔案的位置，方便又直覺。

1. 檔案縮圖上單響右鍵
2. 執行「拷貝至」
3. 選單包含「最近使用的檔案夾」
   我的最愛面板中的連結
   以及「資料庫」
   也可以「選擇檔案夾」

移至：移動檔案到其他位置

「內容」面板的縮圖上單響「右鍵」，可以看到右鍵選單中有個「移至」指令，方便我們將指定的檔案「移動」到其他的檔案夾，相當於執行「剪下」+「貼上」。

Q031

Bridge 縮圖上的編輯記號？

不論是 JPG 或是 RAW 格式，只要檔案進入 Camera Raw 中編輯過，就會在 Bridge 的檔案縮圖上方，顯示編輯記號。

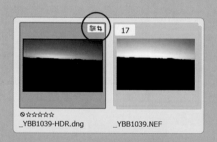

圖片上方的兩個小圖示（紅圈）表示這個檔案在 Camera Raw 中編輯過、也裁切過。

對了！如果被 Camera Raw 編輯過的檔案被塞在堆疊的群組中，群組只會顯示檔案堆疊的數量，就像上圖的「17」，不會顯示編輯過的記號喔！

編輯參數顯示在中繼資料內

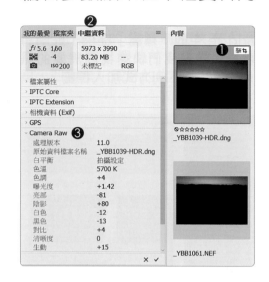

1. 單響 Camera Raw 編輯過的檔案（右上角有編輯記號）
2. 找到「中繼資料」面板
3. Camera Raw 類別就能看到目前檔案的編輯數據

找不到中繼資料面板？

面板標籤上單響「右鍵」就能開啟「中繼資料」面板。也可以在功能表「視窗」選單內開啟需要的面板。

Q032

如何移除 RAW 編輯紀錄？

不論是 JPG 或是 RAW 格式只要在 Camera Raw 中編輯過，就會留下編輯記錄，要移除也很簡單，透過「開發設定」就可以。

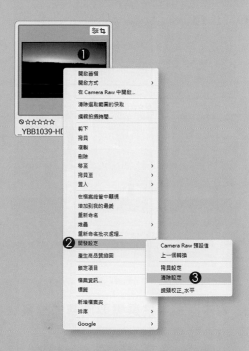

1. 選取需要清除編輯資料的檔案
2. 單響右鍵「開發設定」
3. 執行「清除設定」
   就能移除檔案中的編輯記錄

JPG 與 DNG 沒有 XMP？

RAW 經過 Camera Raw 的編輯處理，都會留下一個稱為中繼資料的 XMP 檔案，但是 JPG 跟 DNG 沒有中繼資料 XMP 這個記錄。

也就是說，如果要藉由刪除 XMP 來移除檔案在 Camera Raw 的編輯記錄，這個方式，對 JPG 以及 DNG 來說是行不通的。

建議同學，如果真心要移除檔案的編輯記錄，不管是 JPG、DNG 或是 RAW，還是透過 Bridge「開發設定」選單中的「清除設定」，會更方便、更直覺一點。

1. 編輯過的 JPG 格式沒有 XMP
2. 編輯過的 DNG 格式沒有 XMP
3. 編輯過的 RAW 格式有 XMP
   刪除 XMP 相當於移除編輯記錄

Q035

Bridge 越跑越慢？

Bridge 每次開啟檔案夾，就會將圖片的「縮圖」、「預視」以及「中繼資料」放置在一個特定的檔案夾中，稱為「快取」。

「快取」快不快得看磁碟機容量以及檔案大小；也因此 Adobe 建議我們定時清理快取。

▲ 在 Bridge 中選取檔案夾後，立即就能顯示檔案名稱、縮圖以及編輯記錄，這些存放在「快取」中的資訊都需要磁碟空間來換取。

清除特定檔案夾的快取

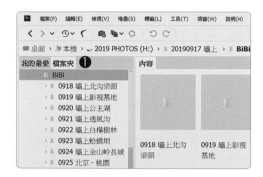

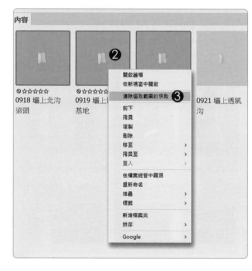

1. 檔案夾面板中挑選檔案夾
2. 選取需要清除快取的檔案夾
3. 按下右鍵
   執行「清除選取範圍的快取」

清除檔案夾中的「快取」後，會移除檔案的「縮圖」與「預視」，但是 Camera Raw 的編輯資訊仍會保留，不會被清除，同學們請放心。

清除所有快取

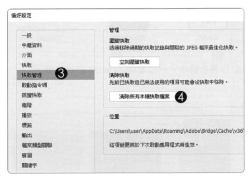

1. 功能表「編輯」
2. 執行「偏好設定」指令
3. 單響「快取管理」類別
4. 清除所有本機快取檔案

同學也可以單響「快取管理」類別中的「立刻壓縮快取」按鈕，把很久沒有觀看的縮圖以及相關資訊壓縮一下，也能擠出不少空間。

快取常用的偏好設定

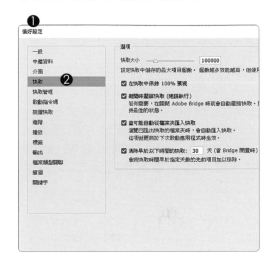

1. 功能表「編輯 - 偏好設定」
2. 單響「快取」類別

快取大小

項目個數預設為「100,000」最大值為「500,000」數值越大效能越高，但會佔據較大的磁碟機空間。

離開時壓縮快取

建議勾選此項目。當快取容量大於 100MB 時，關閉 Bridge 時會自動壓縮檔案夾中的快取資料。

清除「N」天前的快取

數值在「1 - 180」之間，Bridge 會在閒置時，自動清除超出指定期間的快取資訊。

03

Camera Raw

數位暗房
環境介面
問答篇

2019/09/06, 05:49pm
Nikon D750 28-300mm f/3.5
1/40 秒　f/36　ISO 250
攝影　楊 比比　/ 虎頭山環保公園

Q039

Camera Raw 怎麼更新？

最近 Creative Cloud 更新為桌面版，很多同學找不到 Camera Raw 更新的位置，來！我們一起來看看攝影計畫在哪裡？

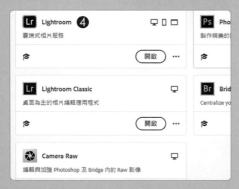

1. 開啟 Creative Cloud
2. 選取「應用程式」
3. 單響「攝影」類別
4. 就能找到攝影計畫的軟體

確認為「最新版本」

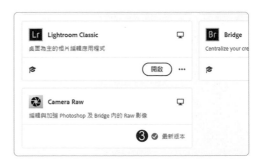

1. Creative Cloud 攝影類別中檢查程式更新狀態
2. 如果看到「更新」按鈕那就趕快更新喔
3. 確保程式為「最新版本」

Q040

檢查 Camera Raw 的版本？

Camera Raw 更新的速度通常都很快，原因有幾個，首先，有新型號的相機或是鏡頭推出，這個沒有辦法，一定要更新的；另外，指令加強或是新功能，這是好事，一定要趕快更新版本。

進入 Camera Raw 就可以在標題列上看到版本囉！

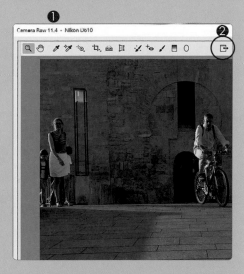

1. 標題列顯示版本
2. 如果看不到「標題列」
   單響「全螢幕」按鈕
   或是按下快速鍵「F」
   就會顯示標題列囉

透過偏好設定觀察版本

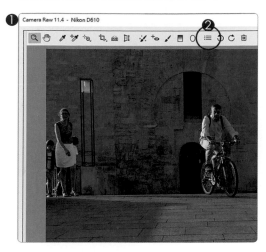

1. 開啟 Camera Raw
2. 單響工具列「偏好設定」按鈕
3. 標題列顯示版本
4. 單響「取消」按鈕
   結束偏好設定

Camera Raw 要怎麼開啟 RAW 格式？

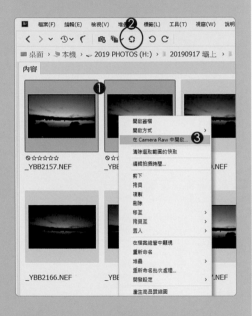

1. Bridge 程式中
   選取要編輯的 RAW 格式
   選幾個都可以喔
2. 單響工具列中
   在 Camera Raw 中開啟
   或是
3. 在選取的縮圖上單響右鍵
   在 Camera Raw 中開啟

可以在 RAW 縮圖上快速點兩下嗎？

快速的在縮圖上點兩下，會先啟動 Photoshop，再開啟 Photoshop 附屬的 Camera Raw，如果我們不需要 Photoshop，快速在 RAW 格式縮圖上點兩下，等於多開了一套 Photoshop，佔據了運算空間。

建議使用 Bridge 的在 Camera Raw 中開啟

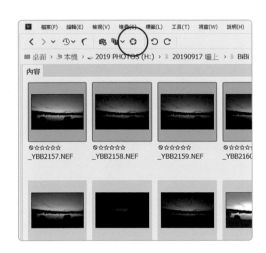

Bridge 自己有一套 Camera Raw。建議同學，可以在 Bridge 中選取需要編輯的檔案，單響「在 Camera Raw 中開啟」按鈕（紅圈），或是按**快速鍵「Ctrl + R」**。

*Ctrl（WIN）/ Command ⌘（MAC）

Q042

Camera Raw 可以編輯 JPG 格式嗎？

可以！Camera Raw 可以編輯 RAW 與 JPG 格式。

1. Bridge 程式中
   選取要編輯的 JPG 格式縮圖
   選幾個都可以
2. 單響上方工具列
   在 Camera Raw 中開啟

在 Camera Raw 中編輯按鈕失效？

不用慌，只是 JPG 格式的編輯設定被關閉而已，來！我們把它打開。

1. 選 JPG 格式 Camera Raw 失效
2. 功能表「編輯」
3. 執行「Camera Raw 偏好設定」
4. 類別「檔案處理」
5. JPEG「自動開啟設定的 JPEG」
   記得重新啟動 Adobe Bridge

Q043

Camera Raw 是英文介面？

先別緊張，如果 Camera Raw 是英文介面，表示 Bridge 也是英文介面（如何！楊比比真是鐵口直斷吧）。

在 Bridge 中變更語系，除了變更 Bridge 自己的介面，也會改變 Camera Raw 的語系。

1. Bridge 功能表「Edit（編輯）」
2. 執行「Prefefences...」
   中文是「偏好設定」

Bridge 中變更語系

1. 選取「Advanced（進階）」
2. 變更 Language 為「繁體中文」
3. 單響「OK」按鈕
   重新啟動 Bridge
4. 進入 Camera Raw
   就能看到中文介面囉

Camera Raw 介面環境

1. 標題列：顯示版本與相機型號
2. 底片顯示窗格
3. 拖曳邊界可以收合窗格
4. 工具列
5. 按 Alt 不放：切換旋轉與翻轉
6. 全螢幕切換：快速鍵 F
7. 目前照片的色階分佈圖
8. 目前照片的拍攝資訊
9. 各面板標籤 (目前為「基本」)
10. 顯示修改前後的比對按鈕
11. 編輯區中顯示的檔案名稱
12. 照片的顯示比例
13. 完成：結束並保留編輯數據
14. 開啟：進入 Photoshop
15. 設定色彩空間的工作流程
16. 儲存：PNG/TIF/JPG/DNG

攝影計畫有幾套 Camera Raw？

三套（這麼多～嚇）故事是這樣的，Camera Raw 不是獨立程式，必須透過 Adobe Bridge 或是 Photoshop 才能開啟，所以 Adobe Bridge 與 Photoshop 各有一套 Camera Raw（這樣就兩套喔），外加 Photoshop 內建一套 Camera Raw 濾鏡，合計「三套」（計算完畢）。

1. Bridge 中單響 RAW 或 JPG 檔案縮圖
2. 單響「在 Camera Raw 中開啟」按鈕
   就能進入 Camera Raw
   推薦使用這種方式

使用 Photoshop 內建的 Camera Raw 開啟 RAW

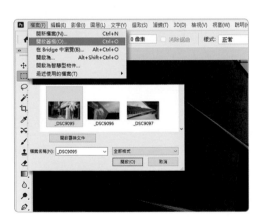

方式一、Adobe Bridge
雙響 RAW 格式縮圖

方式二、Photoshop
功能表「檔案 - 開啟舊檔」
選取 RAW 格式。單響「開啟」

使用 Photoshop 內建的 Camera Raw 開啟 JPG

JPG 預設的環境是 Photoshop，不是 Camera Raw。如果 JPG 要從 Photoshop 開啟到 Camera Raw 得費點手腳，來看看操作程序。

1. 功能表「檔案 - 開啟為 ...」
2. 選取 JPG 檔案
3. 選單中指定 Camera Raw

同學還可以試另外一招，**功能表「檔案 - 偏好設定」中執行「Camera Raw」指定 JPG 格式自動開啟**，以後只要執行「檔案 - 開啟舊檔」就可以將 JPG 開啟在 Camera Raw 中。

Camera Raw 程式 Camera Raw 濾鏡

相較於 Camera Raw，Camera Raw 濾鏡少了很多工具、參數、工作流程設定；楊比比把這兩個視窗抓下來，同學比對一下就知道。

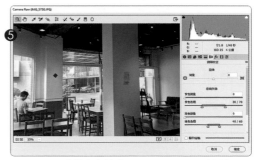

▲ 功能表「濾鏡 - Camera Raw 濾鏡」

1. Camera Raw 程式中
   工具列的工具數量比較多
2. 可以設定「工作流程選項」
3. 鏡頭校正面板也是完整的
4. 有「儲存影像」的功能
5. 濾鏡一次只能編輯一個檔案

Q047

色彩描述檔不相容？

在 Camera Raw 指定的色彩空間如果跟 Photoshop 不同，進入 Photoshop 時，就會出現「嵌入描述檔不符」的警告對話框。

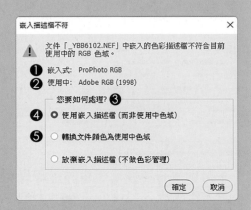

1. 目前開啟的圖片
   色域是 ProPhoto RGB
2. Photoshop 目前的
   色域是 Adobe RGB
3. 您要如何處理？
   問的好客氣喔（哈）
4. 使用嵌入描述檔
   就是維持 ProPhoto RGB
5. 轉換文件顏色為使用中色域
   會將色域轉換為 Adobe RGB

關閉不相容的詢問

同學如果想關閉「描述檔不相容的詢問」也不難，但這個設定必須要在 Photoshop 中完成，請同學們先啟動 Photoshop 程式。

1. 功能表「編輯」
   執行「顏色設定」
2. 色彩管理策略項目中
   RGB「保留嵌入描述檔」
   簡單的說
   就是維持檔案原有的色域
   不做改變
3. 當「描述檔不符」的時候
   取消「開啟時詢問」
   這樣以後就不會再有詢問對話框

Q048

該如何結束 Camera Raw？

結束 Camera Raw 中各項參數的編輯後，如果還沒有決定要以哪一種方式儲存圖片，可以使用「完成」或是「開啟影像」這兩種方式結束 Camera Raw。

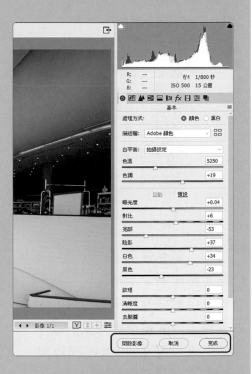

Camera Raw 沒有視窗關閉按鈕，如果不打算繼續編輯，也不打算保留資訊，單響「取消」按鈕，就能結束 Camera Raw。

完成編輯

Camera Raw 中完成「校正、裁切、曝光、色調、效果」等等的處理程序後，可以單響視窗右下角的「完成」按鈕，將編輯數據記錄在檔案中，離開 Camera Raw。

1. 單響「完成」按鈕結束編輯
2. Bridge 中的檔案縮圖
   上方顯示編輯與裁切記號
3. 如果要清除編輯記錄
   可以在檔案縮圖上按「右鍵」
   單響「開發設定」
4. 執行「清除設定」指令
   就可以移除所有參數的編輯
   以及裁切範圍的記錄

Q051

進入 Photoshop 的方式？

Camera Raw 提供了「開啟影像」、「開啟物件」以及「開啟拷貝」三種進入 Photoshop 的方式 (建議使用「開啟物件」) 。

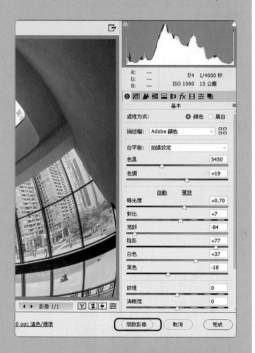

預設模式為「開啟影像」(紅框)

按著 Alt 不放，成為「開啟拷貝」

按著 Shift 不放，成為「開啟物件」

開啟影像

「開啟影像」是 Camera Raw 進入 Photoshop 的預設模式。單響「開啟影像」按鈕，能依據目前的編輯數據進入 Photoshop，無法再回到 Camera Raw 編輯參數。

1. 工作流程選項面板中
   沒有開啟「智慧型物件方式」
2. Camera Raw 視窗下方
   顯示預設的「開啟影像」按鈕
   單響「開啟影像」
3. 就能進入 Photoshop
   圖層面板顯示的是「背景」

開啟物件

楊比比建議同學們以「智慧型物件」方式，將圖片由 Camera Raw 開啟到 Photoshop 環境，這樣能保留圖片與 Camera Raw 之間的連結，方便日後反覆編輯各項參數。

1. 工作流程選項面板中
   開啟「智慧型物件方式」
2. Camera Raw 視窗下方
   顯示「開啟物件」按鈕
   單響「開啟物件」
3. 就能進入 Photoshop
   圖層面板顯示「智慧型物件」

Camera Raw 進入 Photoshop 的三種方式

開啟影像
預設模式
Camera Raw 編輯數據記錄在檔案中
以目前的編輯狀態進入 Photoshop
Photoshop 顯示「**背景**」圖層
中**斷**與 Camera Raw 之間的連結

開啟物件
推薦使用
Camera Raw 編輯數據記錄在檔案中
以目前的編輯狀態進入 Photoshop
Photoshop 顯示「**智慧型物件**」圖層
保留與 Camera Raw 之間的連結

開啟拷貝
搭配功能鍵 Alt
Camera Raw 編輯數據**不**記錄在檔案中
以目前的編輯狀態進入 Photoshop
在 Photoshop 顯示「**背景**」圖層
中**斷**與 Camera Raw 之間的連結

可以一次開啟很多檔案嗎?

沒問題。我們可以先在 Bridge 中選取需要開啟的檔案,再執行「在 Camera Raw 中開啟」就能將多張圖片,開啟在 Camera Raw 程式中進行編輯。

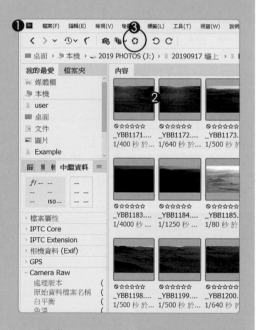

1. 開啟 Adobe Bridge
2. 選取需要編輯的檔案
3. 單響「在 Camera Raw 中開啟」按鈕
   就可以將所有檔案開啟在
   Camera Raw 程式中

開啟的檔案數量

1. 所有開啟的檔案位於
   底片顯示窗格中
2. 檔案數量顯示在下方
   共有 49 個影像檔案
   目前選擇了 1 張
3. 顯示「檔案名稱」與「副檔名」
4. 檔案使用的相機機型

該如何選取所有的檔案　　批次「鏡頭校正」

1. 底片顯示窗格中
   單響「選項」按鈕

2. 執行「全部選取」指令
   快速鍵：Ctrl + A

3. 選取窗格中所有的檔案

4. 下方標示選取的檔案數量
   為 49/49

1. 選取所有檔案

2. 單響「鏡頭校正」面板

3. 位於「描述檔」標籤

4. 勾選「移除色差」
   與「啟動描述檔校正」
   就能對所有選取的檔案
   進行「鏡頭校正」程序

*Ctrl (WIN) / Command ⌘ (MAC)

Q055

讓參數
恢復預設值

基本與 HSL 調整兩個面板，都提
供了「預設」模式，點一下就能
將面板中的數值歸零，很方便的。

▲ 單響「預設」將曝光與飽和度參數「歸零」

▲ 色相 / 飽和度 / 明度 各有一個「預設」按鈕

單獨一個參數歸零

Camera Raw 任何一個面板，都
可以使用「雙響」滑桿的方式，讓
面板中的某一個參數快速歸零。

1. 位於「基本」面板中
2. 移動指標到「對比」滑桿上
   雙響滑桿
3. 對比的數值立即歸「0」

恢復 Camera Raw 預設值

如果覺得一個個面板恢復預設值速度太慢，也可以透過下列方式，將所有面板的參數一次「歸零」。

1. 單響面板「選項」按鈕
   哪一個面板都可以
2. 執行「Camera Raw 預設值」
   就可以將所有面板參數歸零

批次清除所有的編輯參數

要是有一大堆的檔案，需要移除編輯參數與裁切範圍，可以直接進入 Bridge，透過開發設定進行清除。

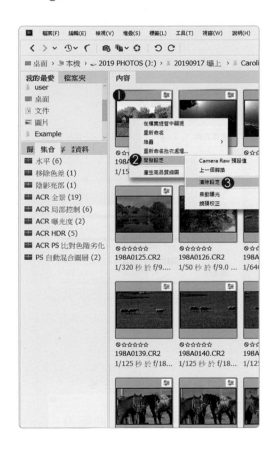

1. 選取所有需要移除參數的檔案
2. 選取檔案上單響「右鍵」
   單響「開發設定」選單
3. 執行「清除設定」指令

TIPs

環境介面
私房技巧

除了熟悉環境介面之外，小技巧也是不可少的（大家都愛小技巧呀）楊比比把自己常用的功能分享出來，希望能提高同學處理照片的速度，一定要試試喔。

還原與重作

Camera Raw 11.0 **以前**的版本如果要執行「還原（undo）」請按下「Alt + Ctrl + Z」。

Camera Raw 11.0 **以後**的版本要執行「還原（undo）」回到上一個步驟中，請按「Ctrl + Z」。11.0 以後的版本按「Alt + Ctrl + Z」則是在兩個步驟中來回循環切換，相當於啟動「重作」指令。

RAW 跳開 Camera Raw

同學在 Bridge 中開啟 RAW 格式時，如果要避開 Camera Raw 直接將 RAW 開啟在 Photoshop 中，可以按著 Shift 不放，雙響 RAW 縮圖，就可以將 RAW 檔直接開啟在 Photoshop 中。

移除開啟的檔案

如果我們要移除開啟在 Camera Raw 視窗中的檔案：
1. 單響選取檔案
2. 單響「垃圾桶」或按「Del」縮圖上顯示「紅色叉」

標示「紅色叉」的檔案，在程式結束後，會被丟到「資源回收桶」中；再次單響「垃圾桶」工具，或是按下「Del」就能取消「紅色叉」。

擴大影像編輯區

將指標移動到「底片顯示窗格」旁的分割線，向左拖曳指標，就能縮小窗格的範圍，擴大影像編輯的區域。

設定星級與標籤

底片顯示窗格中，試著將指標移動到目前編輯的檔案下方，可以看到可以標示「星級」的小點（紅框）單響小點，或是按 Ctrl + 數字鍵「1-5」可以標示星級。Ctrl + 數字鍵「6-9」可以標示顏色。

單響星號最前方的「禁止」圖示可以取消星號的評選。連按兩次顏色標示的快速鍵（如 Ctrl + 6）可以取消目前檔案的色彩標籤。

全螢幕模式

按下鍵盤上的「F」或是單響視窗中的「全螢幕」按鈕（紅圈）就可以切換 Camera Raw 視窗顯示狀態。

限制 RAW 開啟的位置

預設狀態下，在 Bridge 中雙響 Raw 縮圖，會進入 Photoshop 內的 Camera Raw。我們可以試著修改設定，即便在 Bridge 中雙響 Raw 檔也可以不開啟 Photoshop 直接進入 Camera Raw。

1. Adobe Bridge
   功能表「編輯 - 偏好設定」
2. 位於「一般」類別中
3. 勾選「在 Bridge 中按兩下以編輯 Camera Raw 設定」

結束「偏好設定」對話框後，不需要重新啟動 Adobe Bridge，同學可以試著「雙響」Bridge「內容」面板中的 Raw 檔案，Raw 檔，會開啟在 Bridge 內建的 Camera Raw 程式中，不會再進入 Photoshop 囉！

04

Camera Raw

數位暗房
工具面板
問答篇

2019/11/06, 05:03pm
Nikon D750 28-300mm f/3.5
1/4000 秒 f/16 ISO 100
攝影 楊 比比 / 桃園 街景 懸日

Q057

Camera Raw 編輯順序?

不管做什麼,都得有規矩、有順序,這才容易有方向,不至於抓不到頭緒(沒錯吧)!

雖然 Adobe 的官方網站中沒有標示出編輯照片該有的順序,但我們還是能從艱澀難懂的官方手冊中找出一些脈絡,來看看楊比比整出來的順序。

鏡頭校正
(鏡頭校正:描述檔標籤)

↓

變形校正
(變形工具:Upright)

↓

裁切構圖
(裁切工具)

↓

曝光色調
(基本面板 / 局部調整工具)

↓

修飾美化
(雜點抑制 / 銳利化 / 污點移除 / 特殊效果)

校正色差與鏡頭外側變形

1. 單響「鏡頭校正」面板
2. 單響「描述檔」標籤
3. 勾選「移除色差」
4. 勾選「啟動描述檔校正」
5. 找到鏡頭廠商與焦段
   對應到校正鏡頭變形的描述檔

什麼是「移除色差」？

關於「色差」的說法很多，有一種說法是「超廣角產生的影像大幅變形」，還有一種說法是「逆光帶出來的反差溢色」，怎麼產生的楊比比不管，能移除就好（嘿嘿）。

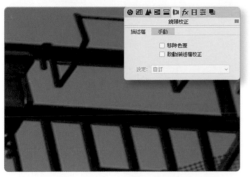

▲ 圖片中的「紫色」與「青藍色」就是「色差」

勾選「移除色差」（紅框）後，能移除影像邊緣產生的「紫邊」或是「青藍色邊緣」效果相當不錯！

鏡頭描述檔

勾選「啟動描述檔校正」後，無法顯示鏡頭廠商或是鏡頭型號，這表示 Camera Raw 無法辨識照片的鏡頭，可能我們**開啟的是 JPG 格式**或者照片是**使用老鏡拍攝**的。

如果知道照片使用的鏡頭焦段，也可以由「廠商」以及「機型」中選擇相對應或是類似焦段的鏡頭。

Q058

抓不到
鏡頭描述檔？

負責任的說，Adobe 有什麼理
由不知道 JPEG 照片使用哪一顆
鏡頭，EXIF 資訊上寫的明明白
白，但 Adobe 就是不提供資訊
給 JPEG 格式，我們得自己抓。

即便是 JPEG 格式，色階圖下方
都會顯示「光圈、快門、ISO」
包含「鏡頭」以及拍攝焦段。

自訂鏡頭描述檔

1. 顯示照片的拍攝鏡頭與焦段
   同學們應該知道自己的鏡頭
2. 廠商欄位中選取鏡頭廠牌
   楊比比使用的是「Nikon」
3. 機型欄位中挑選
   70-200mm 這顆鏡頭
4. 描述檔欄位也會自動對應鏡頭
   進行「扭曲」與「暈映」校正

儲存鏡頭資訊

同一批的 JPG 格式，如果要一張張設定，那就太花時間了。同學可以將目前的設定保留下，套用在其他相同鏡頭的照片中。

1. 單響「設定」選單
2. 執行「儲存新鏡頭描述檔預設值」指令
3. 單響「完成」按鈕

校正鏡頭扭曲

抓到鏡頭後，就可以從「校正量」中調整鏡頭外側變形「扭曲」的數值，範圍在「0 - 200」之間，數值越大，照片外側校正的幅度也就越明顯，同學可以依據需求調整數值。

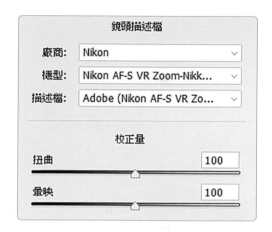

什麼是「暈映」？

暈映就是「暗角」，使用望遠鏡頭拍攝，照片四周容易出現「暗角」。我們可以透過「暈映」滑桿校正暗角的狀態，數值在「0-200」之間。

Q059

校正照片
的變形與歪斜

Camera Raw 提供三種治療變形歪斜的方式:「變形工具」、「旋轉」以及「拉直工具」。先來看看這些工具在哪裡。

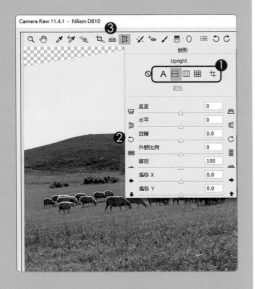

校正工具

1. 變形工具：Upright
2. 變形工具：旋轉
3. 拉直工具

校正前必須確認鏡頭資訊

對！對！使用「變形工具」校正照片歪斜的方向之前，請先到「鏡頭校正」面板中，勾選「啟動描述檔校正」，因為變形工具需要鏡頭資訊作為校正參考的依據。

沒有先啟動「鏡頭校正」面板中的鏡頭描述檔，Adobe 會在「變形」面板中提醒我們要先啟用鏡頭校正（紅框）。記得先勾選「啟動描述檔校正」後，再使用「變形工具」。

Upright 校正變形

變形面板中的「Upright」提供五種變形校正的方式，如果不知道哪一種比較合適，可以每個按鈕都點點看（沒關係的），如果沒有合適的，還可以試試面板中的「旋轉」。

1. 單響視窗上方「變形工具」
2. 最常用的是「水平校正」
   如果不理想
3. 可以單響「取消」按鈕
4. 或是拖曳「旋轉」滑桿
   來校正照片的歪斜

拉直工具

拉直工具提供「自動」與「手動」兩種轉正方式。「自動」模式相當於「變形」面板中 Upright 的「水平校正」，建議大家使用 Upright 的水平校正就好，方便很多。

1. 雙響「拉直工具」
   便能自動轉正歪斜的影像
   成功率不高
2. 單響「拉直工具」
3. 拖曳拉出要轉正的角度

翻轉影像

按著 Alt 鍵不放，旋轉工具會切換為「水平」與「垂直」翻轉工具。

Q060

裁切工具選單不能顯示？

應該是按的時間不夠長 (真的啦) 將指標移動到「裁切工具」按鈕上，按著不放 (超過一秒鐘) 就會出現「裁切工具」選單。

1. 指標移動到「裁切工具」按鈕
   按著不放 (超過一秒鐘)
2. 工具選單出現後
   就可以放開左鍵囉

建議同學勾選「限制為影像相關」，裁切時能自動避開轉正後的透明區域。另外，請勾選「顯示覆蓋」，這樣建立裁切範圍時，會面中才會顯示井字構圖線。

裁切工具常用快速鍵

不論是 Photoshop 或是 Camera Raw 裁切工具的快速鍵都是「C」(這不是重點) 還有一組隱藏版的快速鍵「XX」來看看用法。

1. 單響「裁切工具」
   或是按下快速鍵 C
2. 編輯區中的影像
   沒有任何裁切範圍
3. 按下快速鍵「XX」
   影像邊緣就會顯示裁切框
   拖曳控制點就可以建立裁切範圍

裁切方向可以旋轉嗎？

可以！裁切範圍建立完成後，按下快速鍵「X」（記得先關閉中文輸入法）就可以將裁切方向由「橫幅」轉為「直幅」，一起來試試。

1. 使用「裁切工具」
2. 拖曳指標建立裁切範圍
3. 確認關閉中文輸入法
   按下「X」交換裁切方向

確認好裁切範圍後，再拖曳裁切控制點，修改裁切範圍；同學也可以試著將指標移動到裁切範圍外側，看到「旋轉指標」，就能旋轉裁切區域。

該怎麼取消裁切？

最快的方式就是按「ESC」取消目前的裁切範圍。當然，同學也可以透過「裁切工具」選單內的「清除裁切」指令，取消裁切範圍。

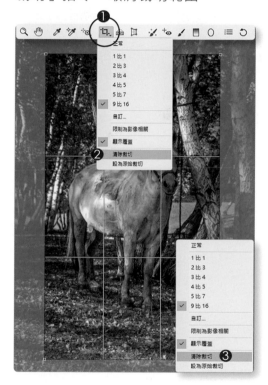

1. 按著「裁切工具」按鈕不放
2. 選單內執行「清除裁切」
3. 或是裁切範圍內按下右鍵
   選單內執行「清除裁切」

Camera Raw 的裁切工具，不會真的將影像裁切掉，任何時間都可以回到裁切工具中，清除裁切範圍，恢復 RAW 原始的影像狀態。

Q061

裁切工具可以設定比例嗎？

可以。裁切工具預設的模式是「正常」，所謂的「正常」就是依據需求隨意裁切，沒有寬高比例的限制，如果需要特定比例，可以在「裁切工具」選單內指定。

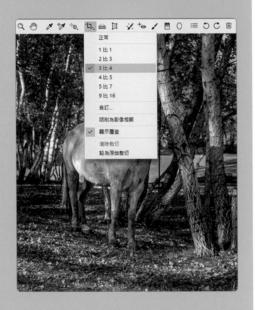

比例的數字怎麼相反？

Adobe 有任性的本錢；我們只能自己在腦海中把數字翻過來「4比3」、「9比16」，包容一點！

裁切比例可以自訂嗎？

可以。除了常見的比例之外，還可以透過「裁切工具」選單內的「自訂」功能，設定我們需要的寬高比例，就可以在選單內看到自訂比例。

1. 按「裁切工具」按鈕不放
2. 工具選單中執行「自訂」
3. 輸入需要的「裁切比例」
4. 單響「確定」按鈕
   選單中會增加新的比例值

裁切範圍調起來卡卡的？

如果在「裁切工具」選單中指定比例（例如：9：16）拖曳出來的裁切框，就會依據指定選單中的比例，限制裁切範圍的寬高。

1. 按著「裁切工具」不放
2. 顯示工具選單
   選單中如果顯示其他比例
3. 改選「正常」模式
   再拖曳拉出裁切範圍
   裁切時就沒有比例的限制
   建立裁切範圍時也不會卡卡的

完成裁切後要怎麼離開？

這個簡單，只要按下「Enter」按鍵，或是點一下工具列上的「縮放顯示工具（也就是放大鏡）」就表示完成裁切範圍的設定。

1. 單響「裁切工具」
2. 拖曳建立裁切範圍
3. 單響「縮放顯示工具」
   或按快速鍵：Z
   也可以直接按「Enter」按鍵
   就能結束裁切工具
   並建立裁切範圍

Q062

該怎麼
全自動曝光？

由 Camera Raw 依據目前的曝
光狀態，自動調整照片曝光，正
常來說，可以得到不會太亮，也
不會太暗的「平均」曝光。

1. 在「基本」面板中
2. 單響「自動」
3. 就能自動調整曝光參數
4. 單響「預設」
   可以將所有參數歸零
5. 自動曝光不會調整
   紋理、清晰度、去朦朧

試試半自動曝光

如果對調整的參數沒有把握，可以
讓 Camera Raw 幫我們決定。

1. 按著 Shift 不放
   雙響滑桿
   就能得到不錯的建議喔

Q063

指定自動曝光
為預設值

「比比姐，我看過有人的照片一進入 Camera Raw 就已經『自動曝光』了耶！這要怎麼設定呀？」最近越來越多同學喊楊比比『比比姐』聽起來好親切呀！

將自動曝光指定為「預設值」可以從 Bridge 下手，來看看。

1. Adobe Bridge 環境中
   功能表「編輯」中執行
   Camera Raw 偏好設定
2. 單響「一般」類別
3. 勾選「套用自動色調
   及顏色調整」
   記得按「確定」離開偏好設定

Camera Raw 偏好設定

同學也可以在 Camera Raw 中開啟「偏好設定」**把「自動曝光」設定為預設值，以後 RAW 格式（JPG不適用）開啟在 Camera Raw 中就會自動套用「自動曝光」**。

1. 進入 Camera Raw
2. 單響「偏好設定」按鈕
3. 開啟 Camera Raw 偏好設定
4. 類別「一般」
5. 勾選「套用自動色調
   及顏色調整」
   記得按「確定」結束偏好設定

Q064

自動曝光
批次處理

「Camera Raw 的自動曝光，該怎麼批次處理？預設集中似乎沒有自動曝光的設定？」

預設集面板中真的有「自動曝光」（真的啦）只是藏的比較深，不容易被發現，我們來練習一下。

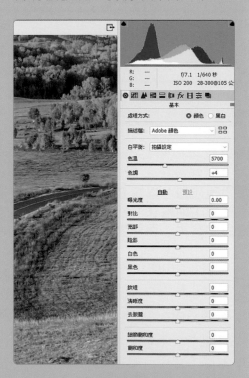

先開啟檔案到 Camera Raw 程式中，不用修改參數，開啟就好。

建立自動曝光預設集

1. 單響「新增預設集」按鈕
2. 輸入預設集「名稱」
3. 指定放置的「群組」
4. 單響「全部不選」按鈕
5. 勾選「套用自動色調調整」
6. 單響「確定」按鈕

將預設集加入我的最愛

1. 位於「預設集」面板中
2. 新增「自動曝光」預設集
   單響前方的星形記號
3. 將「自動曝光」預設集
   加到「我的最愛」中
   結束 Camera Raw

批次套用自動曝光

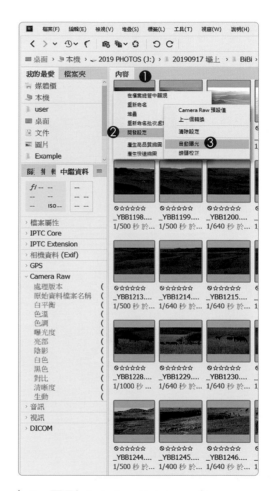

1. 回到 Adobe Bridge 中
   選取要套用自動曝光的檔案
2. 被選取的檔案上單響「右鍵」
   選取「開發設定」
3. 執行「自動曝光」
   所有選取的圖片就能自動曝光

Q065

陰影
過暗記號

色階圖左上角有個「陰影超出色域」記號，用來標示照片中暗部範圍是否超出目前的色域範圍。

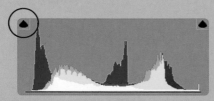

▲ 黑色：沒有畫素超出色域

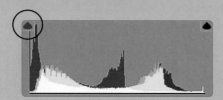

▲ 藍色色版的畫素超出色域（過暗）

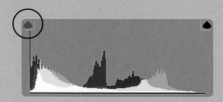

▲ 洋紅色版的畫素超出色域（過暗）

▲ 白色：兩個以上色版的畫素超出色域

檢查過暗範圍

之所以要「檢查」照片中哪些範圍「過暗」，暗到超出色域，是為了要確認，這些偏暗的區域，是不是「合理範圍」，像是黑色頭髮、服飾，或是黑色的物品。

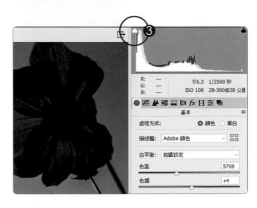

1. 單響「陰影超出色域記號」
   或按下**快速鍵「U」**
2. 以**藍色**標示出目前過暗的範圍
3. 再次單響「超出色域記號」
   關閉陰影範圍的過暗顯示

Q066

亮部
過曝記號

色階圖右上角的「亮部超出色域記號」用來標示照片中太亮，也可以說是「過曝」的區域。

▲ 黑色：沒有畫素過曝或是超出色域

▲ 紅色色版的畫素超出色域（過曝）

▲ 黃色色版的畫素超出色域（過曝）

▲ 兩個以上色版的話素超出色域（過曝）

檢查過曝範圍

檢查是一定要檢查的，但如果是合理性的過曝，像是「太陽的星芒、水面的反光、玻璃的折射」都屬於可以接受的範圍；但如果反光面積太大，還是可以透過參數改善一下。

1. 單響「亮部超出色域記號」
   或按下**快速鍵「O」**
2. 以**紅色**標示出目前過曝的範圍
3. 再次單響「超出色域記號」
   關閉亮部範圍的過曝顯示

Q069

該怎麼校正白平衡？

Camera Raw 提供三種白平衡校正工具，與顏色取樣器，取樣器可以幫我們確認目前 RGB 色版中顏色的比例，一起來看看。

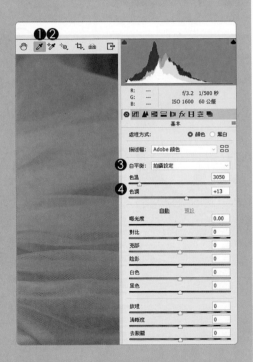

1. 白平衡工具
2. 顏色取樣器
3. 位於「基本」面板中的白平衡選單
4. 色溫與色調滑桿

怎麼知道白平衡不正確？

將圖片開啟在 Camera Raw 程式中，透過色階的「亮部」，就可以判斷出，是否有白平衡的問題。

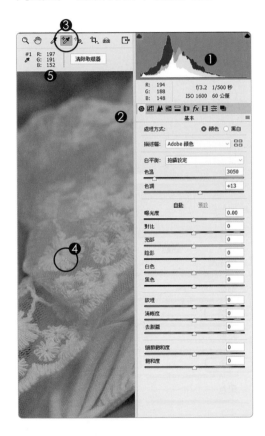

1. 色階圖前端顯示偏紅黃
2. 照片的確是偏紅
3. 單響「顏色取樣器」
4. 單響編輯區中應該是白色的區域
5. 取樣點 RGB（紅色數值最高）

最方便：自動白平衡

白平衡選單中的「自動」模式，是最貼近使用者需求的白平衡校正模式，不用花太多時間，效果 OK。

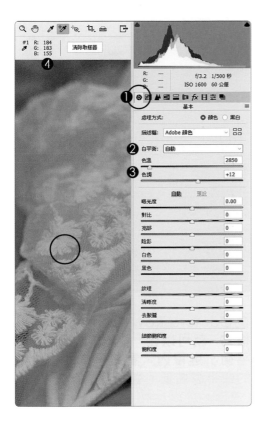

最推薦：白平衡工具

如果照片中有可以校正的「白色」區域，白平衡工具絕對是首選，快又精準，是楊比比最推薦的工具。

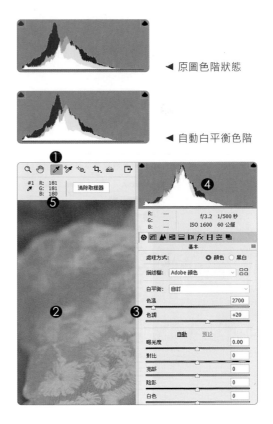

◀ 原圖色階狀態

◀ 自動白平衡色階

1. 基本面板中
2. 白平衡選單「自動」
3. 「色溫」與「色調」
   會自動調整數值
4. 目前位置的 RGB 取樣狀態

1. 單響「白平衡工具」
2. 單響圖片中應該是白色的區域
3. 自動校正色溫與色調
4. 紅黃色不再突出
5. RGB 數值也很接近

Q072

色調曲線
控制 RGB 色版

「色調曲線中的 R、G、B 要怎麼控制呀？」這個問題真的有點難度耶，我們看圖說故事比較快。

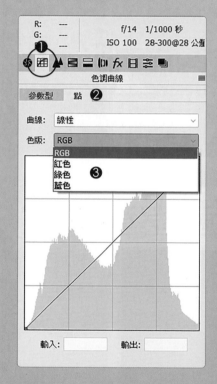

1. 色調曲線面板
2. 在「點」標籤中
3. 可以分別控制 RGB 色版

紅色色版

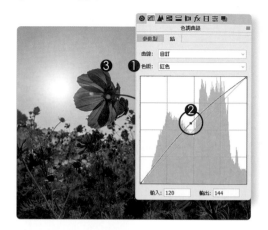

1. 色版「紅色」
2. 向「上」拖曳控制點
3. **增加紅色畫素**（減少藍與綠）

1. 色版「紅色」
2. 向「下」拖曳控制點
3. **減少紅色畫素**（增加藍與綠）

綠色色版

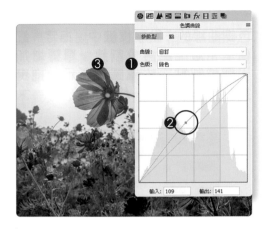

1. 色版「綠色」
2. 向「**上**」拖曳控制點
3. **增加綠色**畫素（減少藍與紅）

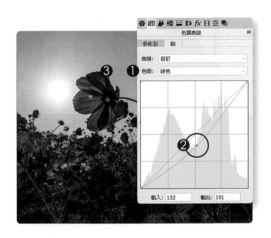

1. 色版「綠色」
2. 向「**下**」拖曳控制點
3. **減少綠色**畫素（增加藍與紅）

藍色色版

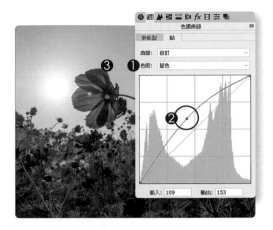

1. 色版「藍色」
2. 向「**上**」拖曳控制點
3. **增加藍色**畫素（減少綠與紅）

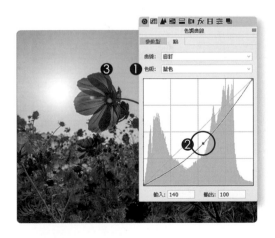

1. 色版「藍色」
2. 向「**下**」拖曳控制點
3. **減少藍色**畫素（增加綠與紅）

Q074

該怎麼轉換為黑白照片？

透過「基本」面板就可以將彩色照片轉換為「黑白」，還可以透過內建的黑白模組，指定黑白照片的對比與層次。

多樣化的黑白配方

▲ 基本面板預設的處理方式為「顏色」

▲ 基本面板變更處理方式為「黑白」

1. 基本面板中單響「黑白」方式
2. 單響「瀏覽描述檔」按鈕
3. 單響「黑白」描述類別
4. 單響縮圖選取需要的效果
5. 調整需要的「總量」強度
6. 單響「關閉」回到基本面板

調整黑白間的色彩明度　　　轉換復古的單色照片

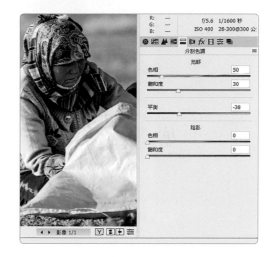

1. 單響「黑白混合」面板
   彩色模式下這是「HSL」面板

2. 彩色模式下
   農婦穿的衣服是「洋紅色」

3. 向右拖曳「洋紅色」滑桿
   提高洋紅色的明亮度

1. 單響「分割色調」面板

2. 向右拖曳「飽和度」滑桿
   增加亮部的飽和度

3. 向右拖曳「色相」滑桿
   找出自己喜歡的單色色調

4. 拖曳「平衡」控制色調的比例

Q075

銳利的範圍
該怎麼調整？

正常來說，Camera Raw 提供的
銳利化範圍是「整張照片」，「整
張」呀～～想想就可怕，整張照
片銳利，這會讓照片中雜點變的
更明顯，來限制一下範圍。

1. 目前照片的 ISO 為 6400
2. 位於「細部」面板中
3. 銳利化總量預設為「40」
4. 遮色片「0」
   遮色片控制銳利化的作用範圍
   數值越大，銳利化範圍越少

遮色片控制銳利化範圍

「遮色片到底該怎麼調整？我拉了
半天滑桿也沒有變化呀？」遮色片
是用來限制「銳利化」的作用範圍，
數值越大，銳利化作用範圍越少。

▲ 按著 Alt / Option 不放拖曳「遮色片」
　 遮色片「0」：銳利化總量作用在整張照片

▲ 按著 Alt / Option 不放拖曳「遮色片」
　 遮色片「50」：銳利化作用在「白色」範圍

▲ 按著 Alt / Option 不放拖曳「遮色片」
　 遮色片「100」：銳利化的作用範圍更少了

Q076

該怎麼
減少雜點？

Camera Raw 將雜點分為灰色顆粒狀的「明度」雜點，以及花花綠綠的「顏色」雜點，適度的控制這兩組雜點數值，就可以讓畫面看起來細緻清爽。

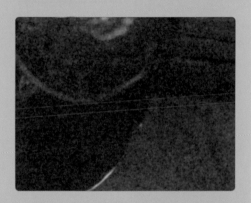

▲ 灰色顆粒稱為「明度」雜點

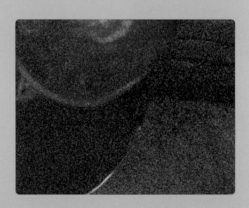

▲ 花花綠綠的就是「顏色」雜點

減少雜點的程序

Camera Raw 減少雜點的方式算是非常容易上手的，但還是有些程序需要遵守，楊比比把自己常用的手法分享出來，大家參考一下。

1. 確認目前的檢視比例為「100％」
2. 位於「細部」面板
3. 銳利化總量「40」
4. 按著 Alt + 向右拖曳「遮色片」
5. 向右拖曳「顏色」減少彩色雜點
   照片上顏色雜點消失就可以停了
6. 向右拖曳「明度」減少灰色雜點
   照片上灰色顆粒減少就可以停了
   明度雜點的數值要比顏色多一點

Q077

人像照該怎麼調整銳利？

Camera Raw 這兩年大幅提高了「銳利化總量」由之前的「25」拉高到「40」，對風景照來說更清晰是好事，但對人像來說，就有點殘酷了，細紋都出來了。

1. 位於「細部」面板
2. 開啟的如果是 RAW 格式
   銳利化總量預設值為「40」
3. 以目前的銳利化總量
   對人像為主的照片來說
   臉上的細節似乎太多

人像照更柔和

為了讓人像照更柔和一點，同學可以考慮降低「銳利化總量」到「10」左右，順帶控制「遮色片」，讓銳利化的效果作用在人像的邊緣，使得表面細緻，邊緣清晰。

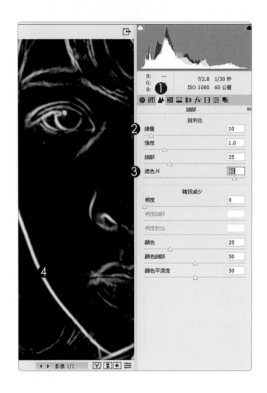

1. 位於「細部」面板
2. 降低銳利化總量「10」
3. 按著 Alt 鍵不放
   向右拖曳遮色片滑桿
4. 當編輯區中的白色範圍
   落在邊緣上就可以放開 Alt 鍵

Q078

紋理、清晰度 去朦朧的差異？

基本面板與局部調整（筆刷、漸層、放射狀濾鏡）都提供了「紋理、清晰度、去朦朧」三款性質類似的參數，其實這三款參數都是加強細節的，只是強弱不同。

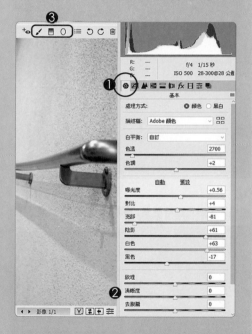

1. 基本面板中
2. 提供「紋理、清晰度、去朦朧」
   紋理是新的參數
   如果沒有應該是版本比較舊
3. 局部調整工具（紅框）
   也有這三款控制細節的參數

紋理

增加或是減少影像間的細節，效果輕微細膩，數值在「±100」之間。

▲ 「紋理」設定為「負值」人像照會有美肌的效果

清晰度

增強或是減弱影像輪廓的明顯程度，數值範圍在「±100」之間。

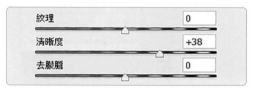

▲ 「清晰度」設定為「正值」能強化影像外側輪廓

去朦朧

能大幅度提高影像清晰度，是三款參數中效果最強的，但容易偏藍。

▲ 「去朦朧」能提高能見度，適合用在局部工具。

Q080

移除多餘的人物

Camera Raw 的「污點移除」可以用來移除照片中的雜物，使用的程序很簡單，只要控制好筆刷大小，再塗塗抹抹就可以囉！

1. 單響「污點移除」筆刷工具
2. 右側面板中
   指定類型「修復」
3. 適度控制筆刷「大小」
   或是透過左右中括號調整大小
4. 羽化值是指邊緣模糊的範圍
5. 不透明是指修復的強度

移除範圍有殘影？

1. 紅色覆蓋點就是要修補的區域
2. 綠色覆蓋點顯示遮蓋區域
   拖曳綠色覆蓋點
   可以調整修補區域的修補狀態
3. 如果紅色覆蓋點內顯示殘影
4. 可以適度降低「羽化」值
   減少邊緣模糊的範圍

Q081

移除
鏡頭入塵

照片上如果有明顯的「入塵」或是「手指痕跡」，可以透過「污點移除」筆刷工具，快速將照片上的小範圍的入塵、污點移除。

1. 單響「污點移除」筆刷工具
2. 利用左右中括號（[/]）
   適度調整筆刷「大小」
   先檢查照片中是否有入塵痕跡
3. 拖曳筆刷建立紅色修補區
4. 自動產生綠色覆蓋點
   拖曳綠色覆蓋點調整修補狀態

讓污點痕跡更明顯

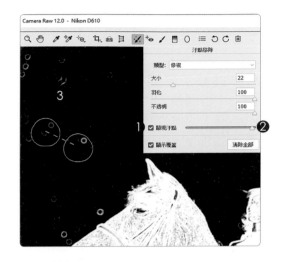

1. 開啟「顯示污點」
2. 將滑桿向右拖曳
3. 以黑白對比方式顯示入塵狀態
   拖曳筆刷清除入塵

關閉覆蓋點

如果入塵太多，同學可以關閉「顯示覆蓋」（紅框處）或是按下快速鍵「V」關閉目前的白色覆蓋點。

Q083

如何使用顏色遮色片？

有了「明度遮色片」的概念，玩起「顏色遮色片」就沒有那麼費神了，作法完全相同，還是得先建立作用範圍，再透過「顏色遮色片」運用顏色限制作用區域。

1. 我們換一款局部調整工具單響「放射狀濾鏡」
2. 還沒有建立作用範圍前
3. 範圍遮色片是沒有作用的

步驟 A：先建立作用範圍

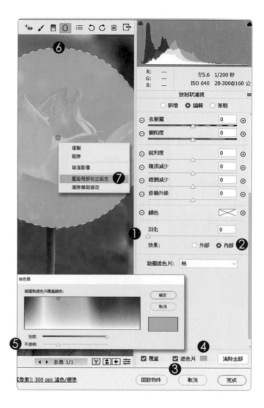

1. 羽化「0」作用範圍邊緣清晰
2. 效果「內部」
3. 開啟「遮色片」
4. 單響遮色片旁的「色塊」
5. 降低「不透明」
   讓遮色片呈現半透明
6. 拖曳建立圓形遮色範圍
7. 覆蓋點上單響「右鍵」
   執行「重設局部校正設定」

步驟 B：限定顏色範圍

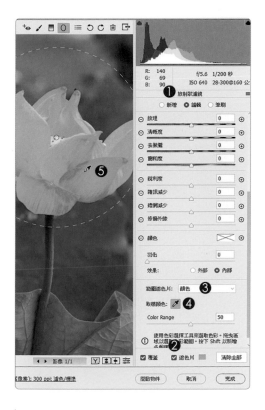

1. 位於「放射狀濾鏡」面板
2. 遮色片必須是開啟的
3. 範圍遮色片「顏色」
4. 確認單響「取樣顏色」滴管
5. 單響需要調整的顏色
   如果選取的範圍不夠多
   請按著 Shift 不放
   滴管旁會出現「+」記號
   繼續單響加入需要的顏色

步驟 C：調整選取範圍

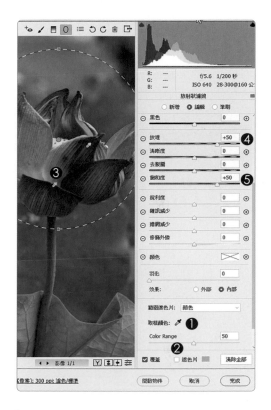

1. 再次單響取樣顏色「滴管」
   結束顏色的取樣
2. 取消「遮色片」的勾選
3. 編輯區顯示顏色取樣的位置
4. 增加花瓣的「紋理」
5. 提高花瓣的「飽和度」

如果要繼續加入顏色，請先開啟「遮色片」，再
單響「取樣顏色」滴管圖示，單響編輯區中需要
的顏色，順便提一下，遮色片的快速鍵是「Y」。

Q084

如何減少
暗部雜點？

暗部拉亮之後，暗部雜點會變得比較明顯，有沒有什麼方式，可以單獨減少「暗部範圍的雜點」呢？當然有，使用「局部調整工具」搭配「明度範圍遮色片」就可以囉！

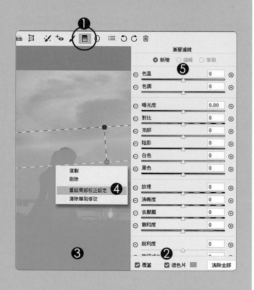

1. 單響「漸層濾鏡」
2. 開啟「遮色片」
3. 拖曳指標拉出調整範圍
   調整範圍需要遮蓋暗部區域
4. 覆蓋點上單響「右鍵」
   執行「重設局部校正設定」
5. 漸層濾鏡面板參數「歸零」

限制範圍在暗部

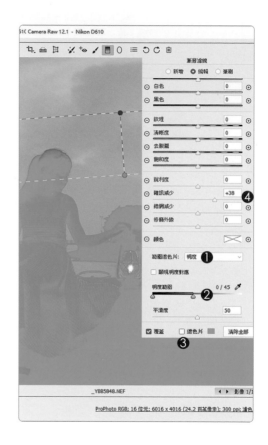

1. 範圍遮色片「明度」
2. 拖曳「明度範圍」右側滑桿
   覆蓋範圍只落在暗部就可以停了
3. 取消「遮色片」勾選
   遮色片指的就是「作用範圍」
4. 向右拖曳「雜訊減少」滑桿
   就可以降低暗部區域中的雜點

Q085

如何增加
照片的雜點？

Camera Raw 中的「fx」效果面板，提供了仿製底片顆粒感的「粒狀」模式，能控制顆粒的「總量、大小、粗糙度」。提醒同學，粒狀總量太高會產生明顯的模糊感喔。

1. 單響「fx」效果面板
2. 向右拖曳粒狀「總量」滑桿
   提高粒狀總量照片會模糊
   調整時要觀察照片的狀態
3. 向右拖曳顆粒「大小」滑桿
4. 向右拖曳顆粒的「粗糙度」
5. 照片中產生明顯的顆粒感

增加邊緣暗角

1. 向左拖曳「暈映總量」滑桿
   往左是「暗角」。往右是「亮邊」
2. 樣式「亮部優先」（推薦）
3. 中點：控制暗角的面積
4. 圓度：暗角的圓形的程度
5. 羽化：邊緣模糊的範圍
6. 亮部：暗角中亮部明顯的程度

Q086

如何製作美肌筆刷？

美肌（或是柔化肌膚）基本上就是減少銳利，方方面面的減少「銳利」與「清晰」這類型的參數，就能完成美肌效果，一起來試試。

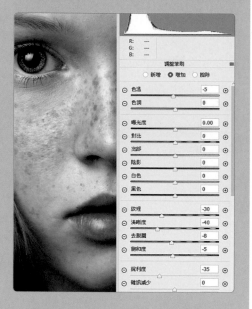

美肌筆刷 使用參數

色溫：負值（偏藍）
紋理：負值（淡化肌膚紋理）
清晰度：負值（減少清晰度）
去朦朧：負值（降低能見度）
飽和度：負值（略為降低）
清晰度：負值（降低清晰度）

儲存參數成為美肌筆刷

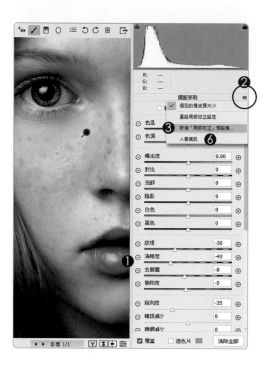

1. 設定好面板參數後
2. 單響「面板選項」按鈕
3. 執行「新增局部校正預設集」
4. 輸入預設集「名稱」
5. 單響「確定」按鈕
6. 再次單響面板選項」按鈕
   就能看到新增的預設集

Q087

如何製作 眼神銳利筆刷?

銳利筆刷跟美肌剛好相反,方方面面都要「清晰」起來,但清晰、銳利的程度要掌握好,數值太高,畫素邊緣會產生明顯的裂化喔!

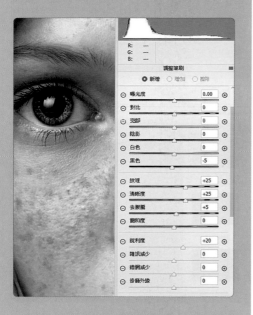

銳利筆刷 使用參數

黑色:負值(加強輪廓深度)

紋理:正值(加強細節紋理)

清晰度:正值(增加清晰度)

去朦朧:正值(略為拉高就好)

銳利度:正值(提高邊緣銳利)

儲存參數成為銳利筆刷

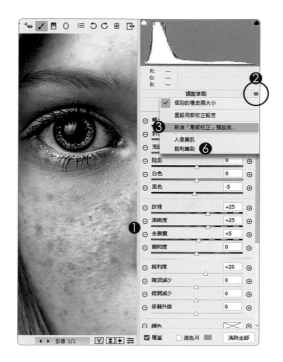

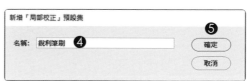

1. 設定好面板參數後
2. 單響「面板選項」按鈕
3. 執行「新增局部校正預設集」
4. 輸入預設集「名稱」
5. 單響「確定」按鈕
6. 再次單響面板選項」按鈕
   就能看到新增的預設集

Q092

全景
邊界彎曲校正

全景合併對話框中的「邊界彎曲」可以保留照片合併後，影像邊緣接合在一起的畫素內容。控制在範圍在「0 - 100」之間，數值越大，接合範圍邊緣保留的影像就越多。

▲ 邊界彎曲「0」/ 沒有勾選「自動裁切」

▲ 邊界彎曲「100」/ 沒有勾選「自動裁切」

顯示更多全景範圍

1. 全景合併預視對話框中
2. 邊界彎曲預設值為「0」
3. 沒有開啟「自動裁切」
4. 全景圖片外側邊緣呈現圓弧狀
5. 提高「邊界彎曲」數值
6. 保留全景接合影像邊緣

Q093

全景
出現怪異接合？

有時候，楊比比會把一些連拍的畫面，利用全景接合在一起；這些不是以全景為前提拍攝的照片，重疊區域、接合點都不是很理想，接合起來，可能會出現奇怪的畫面。

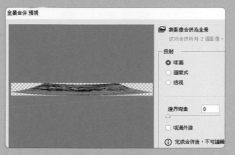

▲ 預設的投射模式為「球面」接合狀態很糟

▲ 變更投射模式為「透視」看起來好多了吧

全景內容感知填滿

1. 全景接合後
   外側有很多透明區域
2. Camera Raw 12 以上的版本
   可以開啟「填滿外緣」
   相當於「內容感知填滿」
3. 效果相當不錯（掌聲鼓勵）

TIPs

工具面板
私房密技

在 Camera Raw 中一定要善用
快速鍵，不見得要死記硬背，多
用就能記住了。以下是楊比比常
用的小技巧，同學參考一下囉！

檢查過曝 / 太暗區域

圖片開啟在 Camera Raw 視窗
後，楊比比一定會按下「英文字
母 O」檢查「太暗」，按下「U」
檢查畫面中有哪些過曝範圍。

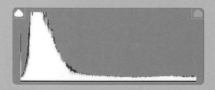

▲ 超出色域記號（紅圈）變色就要檢查

太暗區域以「藍色」標示
過曝區域以「紅色」標示

檢查完畢後，記得要單響色階圖
上的「超出色域記號」或是按下
快速鍵「O」以及「U」關閉超出
色域顯示，否則接下來開啟的每
張圖片色域檢視都是開啟的，容
易嚇到自己喔（很重要）。

找到色調曲線控制點

同學可以透過以下方式，快速找到
色調曲線「點」標籤中，調整曲線
時，所需要的控制點位置。

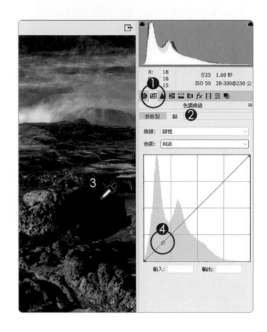

1. 色調曲線面板中
2. 單響「點」標籤
3. 指標移動到編輯區
   指標會變為「取樣器」圖示
   按著 Ctrl 不放移動取樣器
4. 曲線上以小圓圈顯示
   取樣器指定的色階範圍
   直接在編輯區單響指標
   就能在曲線上產生控制點

這樣就能看到明度範圍

局部工具透過「明度遮色片」限定範圍時，可以將指標移動到編輯區，檢查明度範圍適合的區間。

▲ 再次單響「取樣器」就能結束明度範圍的檢視

1. 使用局部調整工具
   建立好選取範圍
2. 開啟「遮色片」
3. 範圍遮色片「明度」
   拖曳滑桿控制「明度範圍」
4. 單響「明度取樣器」
5. 在選取範圍中移動取樣器
6. 明度範圍中有個白色線條會動
   就能知道明度範圍太大或是太少

限制明度範圍更精準

透過「明度」限定作用範圍後，可以適度調整「平滑度」，運用目前的明度範圍縮小或是擴大區域。

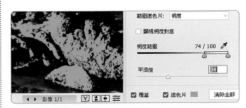

▲ 調整「平滑度」數值時，建議開啟「遮色片」

讓遮色片更明顯的方式

遮色片的顏色更紮實，方便我們看清目前作用的確實範圍。同學可以單響「遮色片」旁的色塊，開啟「檢色器」提高遮色片顏色的透明度。

▲拖曳「不透明」滑桿到「最右側」顏色最清楚

突破參數 100％的極限

局部工具跟「基本」面板中的參數大致相同，雖說參數範圍都在「±100」之間，但仍可以透過局部工具的「複製」擴大調整空間。

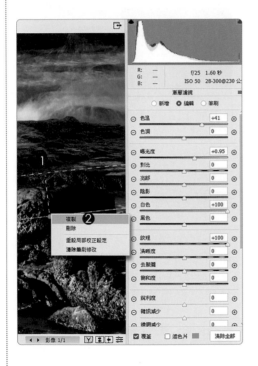

1. 完成局部範圍的調整後
2. 將指標移動到「覆蓋點」上
   單響「右鍵」
   執行「複製」
   就能依據目前的範圍
   再製一個相同的局部控制區域
   重疊在同樣的位置中

刪除覆蓋點

覆蓋點是用來標示「局部工具」的作用範圍。如果要移除「覆蓋點」可以將指標移動到覆蓋點上，單響右鍵，執行「刪除」移除覆蓋點。

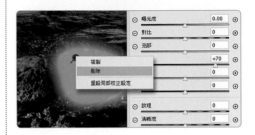

就是選不到「覆蓋點」？

指標移動到覆蓋點的左上角，出現「移動標記」的圖示就表示選到了。

覆蓋點不見了？

應該是「關閉」了覆蓋模式，重新啟動「覆蓋」或是按快速鍵「V」。

檢視工具的 Bird View

不論我們正在使用哪一款工具，只要圖片超出目前的顯示範圍，同學都可以按著「H」不放，略為拖曳指標（H 不能放喔）整張圖片就會顯示在編輯區中，拖曳指標調整顯示框，就能改變目前的檢視範圍（馬上試試）。

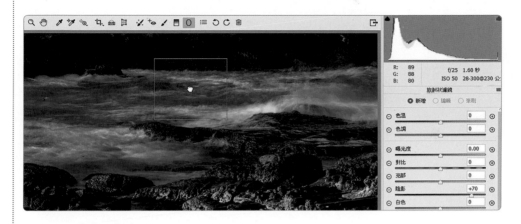

污點移除的延伸功能

使用「污點移除」筆刷時，可以搭配 Shift 按鍵，便能啟動污點移除中的「延伸功能」，同學可以依據右側程序，進行操作練習。

1. 單響需要移除的起點
2. 拖曳綠色取樣點到旁邊
3. 按 Shift 不放單響移除的終點 就能直線延伸移除的範圍

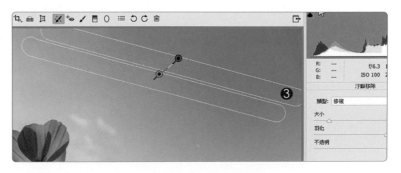

05

Photoshop
工具介面
技巧篇

2018/09/13 05:14pm
Nikon D610 28-300mm f/3.5
0.8 秒 f/25 ISO 50
攝影 楊 比比 / 基隆八斗子漁港

Q095

攝影人常用工作區是？

就是「攝影」（哈哈）。我們可以在功能表「視窗 - 工作區」選單中點擊「攝影」，就能切換到「攝影」人專用的工作環境中。

對剛入門的攝影人來說「攝影」工作區是最適合我們的工作區域，同學可以依據以下的兩種方式，指定工作區為「攝影」（使用「選擇工作區」比較快）：

功能表「視窗 - 工作區 - 攝影」

選擇工作區（紅圈）- 攝影

工作區弄亂了也沒關係

處理照片的過程中，面板如果不聽話的亂跑…講句公道話，肯定是我們拖曳了面板，否則面板是不會亂跑的，沒關係，把介面重設就好。

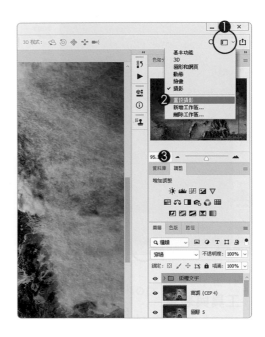

1. 單響「選擇工作區」按鈕
2. 執行「重設攝影」
3. 視窗中的面板與工具
   就能還原到預設的位置

再囉唆一次，Photoshop 所有的工具面板都放在「視窗」選單中，如果找不到需要的面板，可以到功能表「視窗」中找一下，一定有。

工具箱可以改成兩列嗎？

早期螢幕的比例多半是 4 比 3，偏正方形，所以 Photoshop 的工具箱設計為兩列，知道兩列或是習慣兩列的同學，肯定是老手。

找不到功能表中的指令？

為了簡化功能表中的指令，某些版本會把選單內的指令藏起來（真的是藏起來）同學可以到功能表「編輯 - 選單」中重新啟動指令。

1. 單響「雙箭頭」的收合按鈕
   就能控制工具「單列、雙列」
2. 試著在工具按鈕上按著不放
   就能出現相關的工具選單

> 找不到「面板」可以去功能表「視窗」選單中找；如果工具箱中少了某些工具，同學可以到功能表「編輯 - 工具列」中找到需要的工具。

1. 功能表「編輯」
2. 執行「選單」
3. 位於「選單」標籤中
4. 單響箭頭記號展開功能表選單
5. 單響「眼睛」圖示
   就能開啟或是關閉指令
6. 單響「確定」按鈕

Q096

面板與編輯區位置調整

環境介面雖說不是影像後製的重點，但少了工具、少了面板，或是面板總是無法放在指定的位置上，還是很傷腦筋的；這兩頁一起來看看面板與編輯區。

1. 雙箭頭是面板展開 / 收合按鈕
2. 面板名稱上單響「右鍵」
   可以透過選單控制面板
3. 雙響「面板名稱」
4. 可以將面板最小化

浮動面板

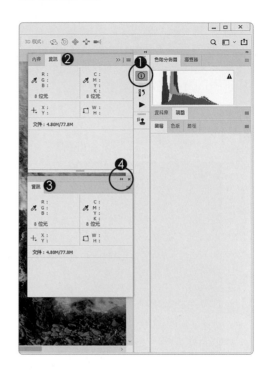

1. 單響「資訊」面板按鈕
2. 就能開啟「資訊」面板
   指標移動到「資訊」標籤上
   向外側拖曳
3. 就能單獨拉出「資訊」面板
4. 浮動面板有獨立的收合按鈕
   與關閉按鈕

如果要將「資訊」面板再塞回到群組中，可以拖曳「資訊」標籤到面板群組中，看到「藍色」框線（如圖）就可以放開指標。

編輯區的視窗控制

1. 功能表「視窗－排列順序」
   可以指定圖片視窗的排列方式
2. 預設方式為「合併至標籤」
3. 圖片貼齊編輯區內容排列
4. 如果指定「全部浮動至視窗」
5. 編輯區中的圖片
   會以獨立視窗的方式顯示

編輯區中如果開啟的圖片比較多，使用「合併至標籤」畫面看起來會比較整齊，也容易找到需要的檔案；浮動視窗是比較早期的作法，容易亂（真的）建議使用「合併至標籤」。

分割視窗

如果需要在同一個畫面中，檢視不同的檔案，可以使用功能表「視窗－排列順序」選單中的分割方式。

同一個檔案開兩個視窗

為了檢視圖片，Photoshop 也提供了同一個檔案，能開兩個視窗的服務。這個方便的功能，可以在功能表「視窗－排列順序」選單中看到。

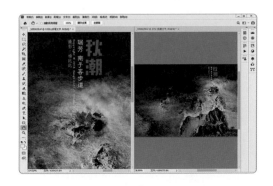

「排列順序」的選單最下方，可以看到「新增」目前檔案的選項，啟動之後，就能在另一個視窗中看到完全相同的圖片，同學可以試著將視窗切換為「2 欄式垂直」能看的更清楚，要試一下喔！

Photoshop
視窗顏色

一般影像處理軟體，都不會使用太花俏的顏色（像是大紅的）多半的視窗顏色都是「黑、灰」。

▲ 外觀主題顏色：黑

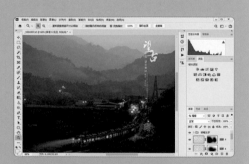

▲ 外觀主題顏色：淺灰

視窗顏色與文字大小

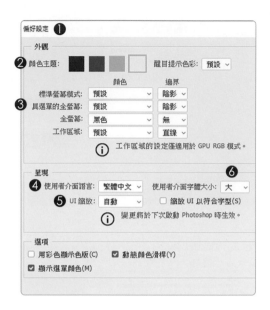

1. 功能表「編輯 - 偏好設定」使用「介面」類別
2. 外觀「顏色主題」提供四種顏色可以變更 Photoshop 視窗色彩
3. 其他環境的顏色也可以試試
4. 使用者介面語言「繁體中文」
5. UI 縮放「自動」
6. 使用者介面字體大小「大」

Photoshop 的語系，也就是對話框中的「使用者介面語言」、「UI 縮放」以及「字體大小」都需要重新啟動 Photoshop 才能看到修改後的效果，提醒大家的是「UI 縮放」與「字體大小」都是配合作業系統內「顯示器」配置調整的。

Q098

Photoshop 螢幕顯示模式

同學可以透過快速鍵「F」或是單響工具箱下方的「螢幕顯示模式」按鈕，來變更不同的顯示狀態。

▼ 快速鍵 F 可以切換螢幕模式

- 標準螢幕模式　　　　　　F
- 具選單列的全螢幕模式　　F
- 全螢幕模式　　　　　　　F

標準螢幕模式

▲ 預設的螢幕顯示模式（推薦使用）

具選單列的全螢幕模式

▲ 包含工具、面板與功能表的全螢幕模式

全螢幕模式

▲ 指標靠近螢幕左右兩側，工具列與面板會滑出來

Q101

Photoshop 工具列表

工具列空間有限，因此性質相同的工具都放置在同一個工具按鈕中，試著「長按」工具按鈕（超過一秒）或是在工具按鈕上單響「右鍵」就能顯示工具選單。

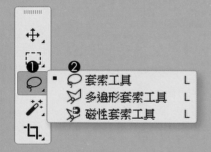

1. 按著工具按鈕不放
   或是在按鈕上單響「右鍵」
2. 就能出現工具選單

工具選單中的快速鍵，究竟是給哪一個工具使用呀？

雖然套索工具選單中的三款工具快速鍵都是「L」，但快速鍵僅提供給前方有小方塊的「預設工具」使用，在目前的工具選單中，預設的工具就是「套索工具」喔！

A. 選取工具

| ▪ ✛ 移動工具 | V |
| □ 工作區域工具 | V |

▪ ▢ 矩形選取畫面工具	M
◯ 橢圓選取畫面工具	M
⚏ 水平單線選取畫面工具	
⦙ 垂直單線選取畫面工具	

▪ ◯ 套索工具	L
◺ 多邊形套索工具	L
◿ 磁性套索工具	L

▣ 物件選取工具	W
◯ 快速選取工具	W
▪ ✦ 魔術棒工具	W

移動工具

常用工具，除了快速鍵「V」之外，還有即時切換鍵「Ctrl」。

物件選取工具

Photoshop 2020 新增的「物件選取工具」（超棒的啦）。

B. 裁切範圍工具

▪ ◳ 裁切工具	C
▥ 透視裁切工具	C
✎ 切片工具	C
✐ 切片選取工具	C

| ▪ ⊠ 邊框工具 | K |

186

C. 度量工具

- 滴管工具　　　　　　I
- 3D 材質滴管工具　　I
- 顏色取樣器工具　　I
- 尺標工具　　　　　I
- 備註工具　　　　　I
- 計算工具　　　　　I

滴管工具

選取圖片色彩的取樣器。使用
「筆刷」、「漸層」與「填色」
工具時，只要按著「Alt」鍵不
放，就能即時切換為滴管工具。

D. 修補與潤飾

- 污點修復筆刷工具　　J
- 修復筆刷工具　　　　J
- 修補工具　　　　　　J
- 內容感知移動工具　　J
- 紅眼工具　　　　　　J

- 仿製印章工具　　　　S
- 圖樣印章工具　　　　S

- 橡皮擦工具　　　　　E
- 背景橡皮擦工具　　　E
- 魔術橡皮擦工具　　　E

- 模糊工具
- 銳利化工具
- 指尖工具

- 加亮工具　　　　　　O
- 加深工具　　　　　　O
- 海綿工具　　　　　　O

E. 繪畫填色

- 筆刷工具　　　　　　B
- 鉛筆工具　　　　　　B
- 顏色取代工具　　　　B
- 混合器筆刷工具　　　B

- 步驟記錄筆刷工具　　Y
- 藝術步驟記錄筆刷　　Y

- 漸層工具　　　　　　G
- 油漆桶工具　　　　　G
- 3D 材質拖移工具　　G

筆刷工具

筆刷工具使用率是數一數二的
高，建議記下快速鍵「B」。

調整筆刷大小

鍵盤的左右中括號「［ ］」可
以快速控制筆刷外觀的大小。

開啟 / 隱藏筆刷外觀

筆刷變為「十字記號」可能是
按下「Caps Lock」大寫鍵。

F. 繪圖和文字

- 筆型工具　　　　　　P
- 創意筆工具　　　　　P
- 曲線筆工具　　　　　P
- 增加錨點工具
- 刪除錨點工具
- 轉換錨點工具

- 水平文字工具　　　　T
- 垂直文字工具　　　　T
- 垂直文字遮色片工具　T
- 水平文字遮色片工具　T

- 路徑選取工具　　　　A
- 直接選取工具　　　　A

- 矩形工具　　　　　　U
- 圓角矩形工具　　　　U
- 橢圓工具　　　　　　U
- 多邊形工具　　　　　U
- 直線工具　　　　　　U
- 自訂形狀工具　　　　U

G. 檢視導覽

- 手形工具　　　　　　H
- 旋轉檢視工具　　　　R
- 縮放顯示工具　　　　Z

H. 工具使用的「前景色 / 背景色」

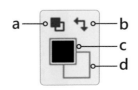

a. 前景色 / 背景色預設值：快速鍵 D

b. 交換前景色 / 背景色：快速鍵 X

c. 單響「前景色」可以開啟「檢色器」

d. 單響「背景色」可以開啟「檢色器」

Q104

工具選項列變成圖示了？

同學問：「別人的工具選項列都是文字，怎麼我的選項列都是圖示呢？哪裡設定錯了？」

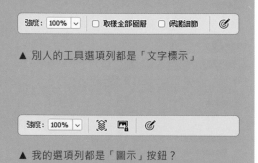

▲ 別人的工具選項列都是「文字標示」

▲ 我的選項列都是「圖示」按鈕？

關閉縮窄選項列設定

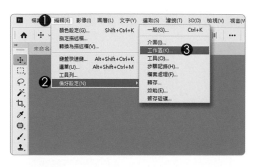

1. 功能表「編輯」
2. 單響「偏好設定」選單
3. 執行「工作區」
4. 進入「偏好設定」對話框
5. 確認在「工作區」類別中
6. 取消勾選「啟用縮窄選項列」
7. 單響「確定」按鈕

重新啟動 Photoshop 就能將選項列由「圖示」變更為「文字」。

Q105

工具列出現動畫教學？

Photoshop 版本更新後，將指標靠近工具列上的工具，就會顯示一個動畫，可以關掉嗎？

▲ 指標靠近工具，就會顯示動態教學

關閉豐富媒體工具提示

1. 功能表「編輯」
2. 單響「偏好設定」選單
3. 執行「工具」
4. 進入「偏好設定」對話框
5. 確認在「工具」類別中
6. 取消勾選
   使用豐富媒體工具提示
7. 單響「確定」按鈕

不用重新啟動 Photoshop。

Q107

Photoshop 中的單位

一般來說，「單位」是依據輸出方式來決定，在螢幕上顯示的圖片，單位是「像素」，如果要輸出印刷或是沖洗，單位就有可能是「公分」或是「英吋」。

不要手動輸入單位

沒錯，舉個例子來說，如果需要 6「英吋」，單位該輸入「英吋、英寸」或是「inch」，處理圖片已經很花時間了，這種傷腦筋的事就交給 Photoshop。

在需要單位的欄位中，單響「右鍵」，由「右鍵」選單中，挑選需要的單位，這才能萬無一失。

指定尺標的單位

1. 功能表「檢視」開啟「尺標」
   或是按下快速鍵「Ctrl + R」
   編輯區「上方」顯示水平尺標
2. 編輯區「左側」顯示垂直尺標
3. 尺標上單響「右鍵」
   從選單內挑選需要的「單位」

功能表「編輯 - 偏好設定」的「單位和尺標」類別中也可以指定單位

Q108

該怎麼設定出血範圍？

「出血」是印刷圖片時經常聽到的名詞，用來略為擴大圖片的邊緣，確保裁切後，圖片不會有白邊，範圍在 2 - 3mm 之間。

1. 尺標上單響右鍵選擇「公釐」
2. 由尺標中向外拖曳參考線
   到 3 公釐 (mm) 的位置

重新指定尺標「零」點

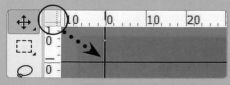

▲ 拖曳到需要「零」的參考線上

快速建立多欄參考線

在 Photoshop 中如果要進行有規律的排列，參考線配置是一個很好的方式，可以依據需求，等距的建立「欄」與「列」的參考線。

1. 功能表「檢視 - 新增參考線配置」
2. 勾選「欄」　頁碼「6」
3. 單響「確定」按鈕
4. 參考線將圖片分為「6」個欄位

Q110

檔案標籤暗藏玄機

檔案開啟在編輯區後，同學們可以透過「檔案標籤」讀到很多與檔案有關的資訊，來看看。

1. 檔案名稱與副檔名
2. 顯示比例
3. 目前的圖層名稱
4. 色彩模式與位元深度
5. 校樣色彩模式
   可以在功能表「檢視」
   的「校樣設定」中指定
6. 「*」表示圖片變更後還沒存檔
   「x」關閉檔案的按鈕

檔案標籤上的小技巧

試著將指標移動到檔案標籤上，按下「右鍵」（如下圖），右鍵選單中有不少跟檔案有關的指令，非常方便，同學可以多多運用。

將檔案從標籤中拉出來

現在的同學應該很適應 Photoshop 將圖片緊貼在編輯區這種標籤式的作法，但有很多老手，還是喜歡那種可以搬來搬去的浮動視窗。想試試的同學可以參考上圖：

1. 檔案標籤中單響「右鍵」
2. 執行「移動至新視窗」

浮動視窗也很方便

習慣以「浮動視窗」檢視圖片的同學，可以試試在「浮動視窗」的檔案標籤上單響「右鍵」，選單中提供很多快速方便的指令，不錯吧！

需要檔案永遠「浮動」

功能表「編輯 - 偏好設定 - 工作區」中關閉「以標籤方式開啟新文件」。

關閉所有開啟的檔案

功能表「檔案」中的「關閉檔案」能關閉目前正在編輯的檔案；如果要關閉所有開啟在 Photoshop 視窗的檔案，可以執行「全部關閉」。

1. 功能表「檔案」
2. 執行「全部關閉」指令
3. 如果所有變更的檔案要儲存
   可以勾選「全部套用」
4. 單響「是」按鈕

Q111

圖片尺寸
縮小與放大

在 Photoshop 中圖片要放大或是縮小都是很簡單的動作，但縮放的過程中，要特別注意「取樣」與「單位」的設定，才能讓縮放後的圖片，保有最好的品質。

哪裡可以看到影像尺寸？

▲ 功能表「影像」執行「影像尺寸」

▲ 單響編輯區下方「文件」也能看到影像尺寸

縮小影像尺寸

點陣圖不僅放大會失真，縮小也可能模糊，因此縮放圖片的時候，建議同學們開啟「重新取樣」，可以維持縮放後比較好的影像品質。

影像尺寸：縮小為寬度 2000 像素
輸出方式：螢幕觀看

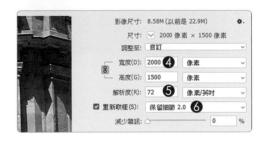

1. 功能表「影像 - 影像尺寸」
2. 確認單位「像素」
3. 確認「等比例」按鈕開啟
4. 寬度「2000」
5. 螢幕觀看解析度「72」像素 / 英吋
6. 重新取樣「保留細節 2.0」

圖片放大縮小的取樣方式

不論放大或是縮小圖片，楊比比習慣使用「保留細節 2.0」的取樣方式，保留細節 2.0 可能維持影像的清晰，並保留細節邊緣（推薦）。

圖片原始的尺寸？

使用「影像尺寸」調整寬高後，如果要找回圖片的原始尺寸，可以在「影像尺寸」的「調整至」欄位中指定「原始大小」，或是按著 Alt 鍵不放，單響「重設」按鈕。

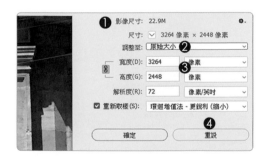

1. 位於「影像尺寸」對話框
2. 調整至「原始大小」
3. 寬度與高度顯示圖片原始尺寸
4. 或是按 Alt 不放取消變「重設」
   單響「重設」按鈕
   也可以恢復影像尺寸的預設值

變更影像的解析度

在現有像素不變的原則下，要變更影像「解析度」，必須先關閉「重新取樣」，再進行「解析度」的變更，才不會改變「像素」的數量。

解析度：72 改為 300 像素 / 英吋
取消「重新取樣」

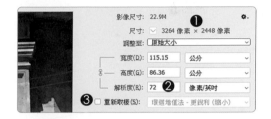

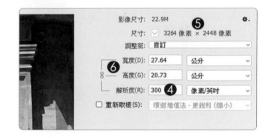

1. 原始像素為 3264 x 2448
2. 原始解析度為 72 像素 / 英吋
3. 取消「重新取樣」的勾選
4. 變更解析度為 300 像素 / 英吋
5. 圖片的像素數量不變
6. 但輸出的寬高變小了

Q112

圖片的複製
與貼上

Photoshop 的複製、貼上，略為複雜一點 (很小一點)，分為「選取範圍」與「圖層」兩種不同的複製狀態，但複製還是以「選取」為主，來看看這之間的差異。

複製範圍還是圖層？

1. 按下快速鍵 Ctrl + C
   編輯區如果有選取範圍
   複製的就是目前的選取範圍
2. 編輯區如果沒有選取範圍
   複製的對象就是「圖層 1」
   ▲ CC 2018 以上才支援 Ctrl + C 複製圖層

圖片分散在很多圖層
該怎麼複製？

同學可以先建立選取範圍，再執行功能表「編輯 - 拷貝合併」(快速鍵 Shift + Ctrl + C) 就可以將分散在不同圖層的影像複製起來囉！

為什麼不能貼到
其他的應用程式中呢？

很可能是目前的複製範圍根本沒有保留到「剪貼簿」中 (真的嗎？) 請同學先開啟功能表「編輯 - 偏好設定」，選取當中的「一般」看看「轉存剪貼簿」有沒有勾選。

1. 偏好設定「一般」類別中
2. 勾選「轉存剪貼簿」

Q113

工具與指令不能使用？

如果發現面板或是選單內的指令呈現「灰色」失效狀態，可能的原因有兩個「色彩模式不是RGB」或是「指令作用的位置不正確」，一起來檢查一下。

▲ 調整面板功能全部失效

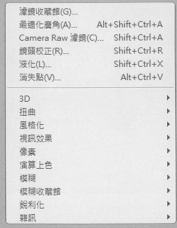

▲ 功能表「濾鏡」中的效果不能使用

變更檔案的色彩模式為 RGB

雖說 2020 年了，但 Adobe 仍沒有開放色彩模式的限制，工具與指令還是得在 RGB 模式中，才能順利的啟動，其他的色彩模式，或多或少的還是有些許限制。

◀ 功能表「影像 - 模式」選單建議使用 RGB 色彩 / 8 位元

選擇正確的圖層

看一下「圖層」，如果選的是「遮色片」也會有很多指令不能使用。

◀ 遮色片的外側有框框，表示目前選擇的是「遮色片」不是圖層。

Q114

增加裁切圖片的自由度

Photoshop 裁切圖片，不是一刀兩斷這麼乾淨俐落的工作，門道很多，裁切後的像素要保留還是刪除、圖片該怎麼拉直轉正、內容感知要怎麼使用在裁切工具中，都是這一頁要學習的重點。

裁切有兩款工具，基本款的「裁切」以及特殊用途的「透視裁切」。「切片工具」是網頁設計用的。

隱藏裁切以外的範圍

準備裁切圖片時，先取消「裁切工具」選項列上「刪除裁切的像素」的勾選，這樣裁切就不是裁切了，而是隱藏我們不用的像素。

▲ 不要勾「刪除裁切的像素」

如果要還原隱藏的裁切像素，只要再次啟動「裁切工具」，稍稍拉一下裁切控制線，就能看到上一次裁切隱藏起來的部份畫素囉！

▲ 拖曳一下裁切控制框線，就可看到原始的圖片

轉正圖片與內容感知填滿

拉水平或是轉角度這種工作，一般都交給 Camera Raw 處理，但同學想在 Photoshop 中執行也可以，裁切工具選項列中就有「拉直工具」。

1. 單響「裁切工具」
2. 單響「拉直」前方的圖示
3. 拖曳指標拉出需要轉正的角度
4. 轉正後容易有透明區域
5. 可以啟動「內容感知」

限制裁切範圍

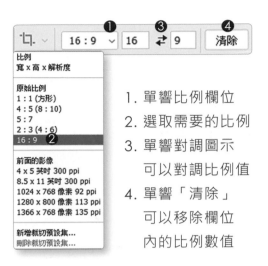

1. 單響比例欄位
2. 選取需要的比例
3. 單響對調圖示
   可以對調比例值
4. 單響「清除」
   可以移除欄位
   內的比例數值

變更裁切構圖線

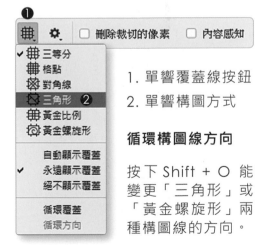

1. 單響覆蓋線按鈕
2. 單響構圖方式

循環構圖線方向

按下 Shift + O 能變更「三角形」或「黃金螺旋形」兩種構圖線的方向。

Q115

歪斜的看板
海報也能裁切

告示牌、海報這種很難正面拍攝的畫面，必須使用「透視裁切工具」才能順利抓出我們需要的畫面，並且轉正影像。

▲ 基本款的「裁切工具」只能裁切矩形範圍

▲ 透視裁切的每一個控制點都可以單獨調整

使用透視裁切工具

1. 單響「透視裁切工具」
2. 拖曳拉出裁切範圍
3. 拖曳控制點對齊海報的邊緣
4. 單響工具選項列的「✓」
   或是按下 Enter 結束透視裁切

Q116

楊比比最愛
選取裁切

楊比比是從 5.5 版，也就是 1999 年開始使用 Photoshop，有很多老習慣改不過來；使用選取工具裁切影像就是其中的一項，老實說，這個方式不見得多好用，但就是習慣了，同學參考一下吧！

1. 單響「矩形選取畫面工具」
2. 拖曳拉出矩形選取範圍
3. 功能表「影像」
4. 執行「裁切」指令
   就能裁切目前的選取範圍

指定一組快速鍵給「裁切」

當同學發現有某個指令，自己的使用率很高，卻沒有快速鍵（太不應該了）那一定要動手自訂一組囉。

1. 功能表「編輯 - 鍵盤快速鍵」
2. 單響「箭頭記號」影像功能表
3. 找到「裁切」點一下快速鍵欄位
   鍵盤直接按 Alt + Ctrl +C
4. 單響「接受」按鈕

Q117

控制局部範圍的大小與角度

在 Photoshop 不論是照片的合併、文字、圖形尺寸與角度的控制，都脫離不了強大的「任意變形」快速鍵「Ctrl + T」。

▲ 任意變形控制框

任意變形

指令位置：功能表「編輯」

快速鍵：Ctrl + T

任意變形 執行時可以使用

變形控制框中按「右鍵」

使用 Ctrl + 0（零）顯示控制框

變形工具的右鍵選單

任意變形啟動的狀態，控制框內單響「右鍵」，能看到更多變形指令。

快速鍵 Ctrl 很常用

任意變形啟動的狀態下，最常使用的快速鍵就是「Ctrl」囉；只要按著 Ctrl 不放，就能以「扭曲」的方式，隨意調整每個控制點的位置。

▲ 按 Ctrl 不放，以扭曲方式拖曳每個控制點

利用移動工具來變形

移動工具中有個「變形控制項」相當於「任意變形」，一起來試試。

1. 單響「移動工具」
2. 勾選「顯示變形控制項」
3. 單響要編輯的圖層
4. 圖層上影像的外側
   就會顯示變形控制框
   可以使用任意變形的方式調整

任意變形等比例模式

這件事，說來話長；十幾年來，任意變形的「等比例」向來是「手動」開啟，簡單的說就是需要才開，但在 CC 2019，改為「自動」，雖說是 Adobe 的善意，但使用者不習慣、也不買帳，改了又改，到了 2020 就改為自行決定。

1. 功能表「編輯 - 偏好設定」
2. 單響「一般」類別
3. 是否開啟「舊版任意變形」
   舊版任意變形就是由我們手動
   開啟「等比例」模式

結束任意變形

可以試試以下三種方式：單響選項列上的「✓」、按下 Enter，也可以單響變形控制框以外的其他區域。

Q118

好玩的
魚眼變形

這招是從「任意變形」中演化出來的，楊比比經常玩，同學可以先找一張動物的照片來試試，非常有趣，我把這招命名為「局部魚眼」（不是太有特色的名字）。

1. 使用選取工具
2. 編輯區中拖曳建立選取範圍
3. 按下快速鍵 Ctrl + J
   將選取範圍複製到新圖層中

任意變形：彎曲模式

1. Ctrl + T 啟動任意變形
2. 單響選項列的「彎曲」按鈕
3. 彎曲「魚眼」
4. 拖曳控制點調整魚眼
5. 單響「✓」結束彎曲
6. 單響「新增遮色片」按鈕
7. 遮色片中使用黑色筆刷
   把外側稍微遮一下會比較自然

Q119

改變平面視角的透視彎曲

透視彎曲能把 2D 影像以 3D 手法進行透視變形，這一招實在非常酷，真不知道 Adobe 是怎麼想出來的，不論同學是「設計掛」還是「攝影掛」都該玩一下。

必須先啟動「圖形處理器」才能執行「透視彎曲」。

▲ 功能表「編輯 - 偏好設定 - 效能」中開啟

1. 先找一張建築物的照片
   功能表「編輯 - 透視彎曲」
   選項列預設模式為「版面」
2. 拖曳拉出透視控制平面
   沿著建築物的邊緣
   調整控制平面的角度

變更建築物的透視角度

1. 拉出另一個平面
   拖曳控制點讓兩個平面貼合
2. 沿著建築物調整平面的透視角度
3. 單響「彎曲」模式
4. 拖曳「黑色」的控制點
   就能改變建築物的透視角度

Q120

增強的
變形彎曲 2020 適用

Photoshop 2020 推出後，增加不少新功能，除了去背之外，最搶眼的就是「變形彎曲」；之前我們總是嫌棄「彎曲」的控制線太少，現在 Adobe 開放「自訂」，自己設定控制線，厲害吧！

啟動彎曲模式

1. Ctrl + T 啟動「任意變形」
2. 選項列上單響「彎曲」
3. 或是控制框中按「右鍵」
   開啟「彎曲」模式

傳統的變形彎曲

2020 之前的「變形彎曲」以井字變形線構成，控制點比「任意變形」還多，變形的彈性當然也更大。

1. 啟動「彎曲」模式後
2. 傳統彎曲會顯示「井字」控制線
   白色圓點都是控制點
   比「任意變形」多了很多點
3. 新版本的「彎曲」變形
   可以調整格點數量

自訂格點數量　Photoshop 2020 新功能

手動建立格線　Photoshop 2020 新功能

全新的彎曲控制線分割方式，包含「交叉」、「垂直」、「水平」以及「自訂」四種，來看看操作方式。

▼ 按 Shift 不放拉出矩形框就能選到多個控制點

1. 開啟「彎曲」模式
2. 工具選項列指定「格點」數量
   單響「自訂」模式
3. 輸入「直欄」、「橫欄」數量
4. 單響「確定」按鈕
5. 顯示相對應的格線數量

1. 單響需要的分割方式
2. 移動指標到變形控制框中
   就能加入「交叉」、「垂直」
   或是「水平」分割線
   按著 Alt 不放也能自訂分割線
3. 格式「預設」就能移除分割線

老中青三代的選取工具

Photoshop 傳統的選取工具不少，矩形、橢圓、套索、還有牌子老信用好的「魔術棒」。

CS3 推出的「快速選取工具」，它與魔術棒功能接近，但偵測能力更強，選起物件來也頗有功力。

CC 2020 有最新款的 AI 智慧型選取工具，既快、又神，選取物件只在幾秒之間，超閃的。

筆記一下

1990 年 Photoshop 1.0 推出「魔術棒」。
2007 年 Photoshop CS3 推出「快速選取」。
2019 年 Photoshop CC 2020 推出使用 AI 改良工程新增的「物件選取工具」。

選顏色相近的區域
那就用魔術棒

「什麼樣的圖片適合使用『魔術棒』來進行選取呢？」首先是「純色」顏色單純的插畫圖片，其次是「相近色」就像下面這種萬里無雲的藍色天空，顏色連續又接近，最適合。

▲ 純色插畫　　　　▲ 天空顏色相似

▲ 容許度 :10　　　　▲ 容許度 :100

楊比比習慣將選取模式設定為「增加」（1），方便隨時加入需要的選取範圍；按著 Alt 不放，就能切換為「減去」模式，非常方便。

選取連續色彩
使用快速選取工具

基本上「快速選取工具」什麼都能選，沒有什麼限制，圖片邊緣越清晰，越容易選取，但顏色單純的插畫圖片，楊比比還是建議同學使用「魔術棒工具」會更方便一些。

▲ 快速選取工具依據影像邊緣輪廓為邊界

▲ 在影像範圍內拖曳快速選取工具筆刷

還是一樣，建議同學使用「增加」（1）作為快速選取工具的選取模式，這樣在範圍內拖曳快速選取筆刷，就可以連續的加入選取範圍。

選取聚焦範圍
使用物件選取工具 2020 新工具

新工具「物件選取」適合選取畫面中的獨立物件，選項列可以指定以「矩形」或「套索」進行選取。

▲ 矩形模式　　　　▲ 套索模式

▲ 大致上框選範圍，就能貼合影像邊緣。

選項列上先挑「矩形」或是「套索」模式，框選影像，放開之後，就能自動貼合範圍內的物件，精確度大概 8 成以上，相當不容易呀！

TIPs

介面檢視
必學技巧

接下來我們要看一些，使用機率不太高，卻很方便，還有幾個方式可以改善「檢視」圖片過程的問題，都是小技巧、小指令，不麻煩的，通通記下來吧！

今天是 2020 年的第一天，大清早的還在認真寫稿，實在是這本書寫太久了，編輯都有點上火了，為了滅火，趁著今天沒有課、不用錄音，努力的寫；新的一年，給自己一點期許，這把年紀了，不用攀、不用比、珍惜時間，愛自己。

參數可以拖曳調整

楊比比現在要調整圖層的不透明度，不是直接修改數值，而是<u>將指標移動到「不透明度」文字上，左右拖曳，就可以修改數值</u>。不是只有「圖層」面板可以，<u>介面中所有的數值都可以這樣調整</u>！

取消與重設是同一個按鈕

對話框中修改數值之後，如果要恢復所有欄位的「預設值」，可以按著 Alt 不放，「取消」就會變為「重設」，記得，Photoshop 所有的對話框都支援重設，試試吧！

▲ 按著 Alt（Mac：Option）不放

拉近圖片產生格線？

「問一下喔，為什麼每次把圖片拉近看的時候，都會出現很多白色的格線？」當拉近到 600%，圖片上就會顯示「像素格線」，如果不想看到這樣的格線，可以到功能表「檢視 - 顯示」選單中的「像素格點」。

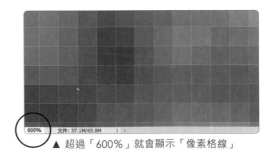

▲ 超過「600%」就會顯示「像素格線」

把視窗外的圖片顯示出來

如果圖片比「版面」也就是目前的範圍更大，簡單的說就是有些圖片跑到圖紙外面去，可以執行功能表「影像 - 全部顯現」指令，就能將所有的圖片範圍顯示出來。

▲ 部份影像在版面外

修剪「空白與透明」範圍

圖片上有「透明」或是「空白」的區域，不用小心翼翼的使用裁切工具切割畫面，同學可以執行功能表「影像」選單內的「修剪」，就能自動偵測透明區域，快速裁切囉！

▲ 修剪可以裁切版面的「透明」以及「空白」範圍

檢視圖片的色彩空間

網路下載或是貼入 Photoshop 的圖片，可以從視窗下方的狀態欄位中，看到目前的色彩空間。

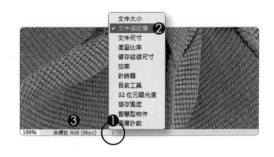

1. 單響「箭頭」記號
2. 單響「文件描述檔」
3. 就能看到描述圖片的色彩空間

圖片的色彩描述

如果圖片的色彩空間跟我們需要的不同，請到功能表「編輯」中，執行「指定描述檔」，就可以變更圖片色彩空間，使顏色一致。

06

Photoshop
外掛資源
懶人包

2017/06/03　12:21pm
Nikon D610 28-300mm f/3.5
1/1600 秒　f/8　ISO 100
攝影 楊 比比　/ 西班牙 風車村

Adobe 提供
免費擴充功能

「什麼是『擴充功能』?」就是
不存在於 Adobe 軟體以外的小
工具,還是好用的那一種 (讚) !

木紋布料的材質庫
配色與色彩調和面板
快速動作集合面板
美肌指令與免費字型等等

擴充功能 關鍵字

搜尋 Adobe add-ons

https://exchange.adobe.com/
creativecloud.html

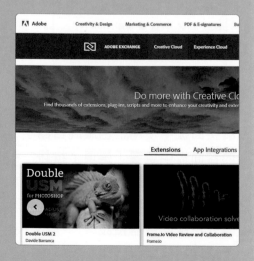

免費的 Photoshop 功能

exchange.adobe.com/creativecloud

1. 位於「Creative Cloud」頁面
2. 單響「Extensions」區塊
3. 指定類別為「Photoshop」
4. 限定為「Free (免費)」
5. 排列方式「Rating (評分)」
   就能把最高分的排在前面
6. 搜尋欄位中輸入關鍵字
   例如 texture (材質)
   就能找到跟材質有關的擴充功能
7. 單響擴充功能區塊上的縮圖
   就能進入下載頁面

安裝擴充功能

進入擴充功能頁面後,可以先檢查擴充功能對應的版本,與適合使用的作業系統(1),確認之後,單響「Free」(2)按鈕就可以安裝。

移除不用的擴充功能

登入帳號後,單響頁面上方的「My Exchange」就能進入自己的擴充功能頁面,看到安裝的工具,單響「Uninstall」就能移除擴充功能。

擴充功能安裝在哪裡呢?

擴充功能的安裝頁面下方(往下拉一下滑桿)就能看到「Where To Find It」(1)單響一下,透過說明可以了解擴充功能安裝的位置。

Creative Cloud 同步化

必須開啟 Creative Cloud 中的同步化,才能把擴充功能安裝到對應的軟體中:單響「齒輪」(1),點擊「通知」(2),開啟「同步」(3)。

07

Photoshop
熱門課程
實戰篇

2019/09/20 05:13pm
Nikon D610 28-300mm f/3.5
1/1000 秒 f/11 ISO 400
攝影 羅 忠力 / 烏蘭布統 將軍泡子

EX01

完整
數位暗房程序

使用版本　Camera Raw 12.1
參考範例　Example\07\Pic001.DNG

- 使用 Adobe Bridge CC 2020 開啟 RAW 格式到 Camera Raw

- 數位暗房工作流程：指定 RAW 色彩空間 → 智慧型物件進入 Photoshop

- 數位暗房編輯程序：鏡頭校正 → 變形校正 → 裁切 → 曝光 → 色調

A> 開啟 RAW 格式

1. Bridge 的「必要」介面
2. 找到範例檔案夾
3. 單響 Pic001.DNG 縮圖
4. 單響「在 Camera Raw
　 中開啟」按鈕
5. 進入 Camera Raw
　 目前的版本為 12.1

先到楊比比學習網下載範例檔案

搜尋的關鍵字「楊比比線上學習網」，進入
學習網後，單響上方「楊比比的書」，單響
書籍封面，就可以看到範例下載的指示。

▲ 看不到 Camera Raw 的標題列？請按「F」關閉全螢幕顯示

B> 進入 Camera Raw

1. 標題列顯示版本與相機機型
2. 這就是全螢幕切換按鈕
3. 色階圖與照片的拍攝資訊
4. 工具面板
5. 檔案名稱
6. 預設進入 Photoshop 的模式
   為「開啟影像」
7. 單響「工作流程選項」

視窗左側有「底片顯示窗格」？

如果只開啟一張圖片，可以將指標移動到窗格的邊緣，把底片窗格隱藏起來，對介面還有些陌生的同學，請回到 CH03 再加油一下。

C> 設定工作流程

1. 進入「工作流程選項」
2. 指定 RAW 格式的色彩空間 ProPhoto RGB
3. 色彩深度「16 位元 / 色版」
4. 開啟「銳利化」模式「濾色」
5. 勾選「在 Photoshop 中 依智慧型物件方式開啟」
6. 把目前設定存為「預設集」
7. 單響「確定」按鈕
8. 進入 Photoshop 的方式 改為「開啟物件」

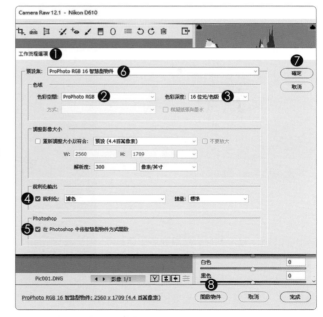

▲ 開啟物件：以智慧型物件方式進入 Photoshop

D > 鏡頭校正 數位暗房步驟一

1. 單響「鏡頭校正」
2. 進入「描述檔」標籤
3. 勾選「移除色差」
4. 勾選「啟動描述檔校正」
5. 抓到拍攝的鏡頭
6. 修正鏡頭外側的「扭曲」
   與周圍的暗角「暈映」

Camera Raw 是最好的數位暗房

進入 Camera Raw 處理數位照片，有一定
的處理程序，請同學翻一下 CH04，楊比比
整理得很清楚 (一定要看喔！謝謝合作)。

E > 變形校正 數位暗房步驟二

1. 單響「變形工具」
2. 右側顯示「變形」面板
3. 單響「水平校正」
4. 找不到適合的校正線
   準備手動轉正

按一下「放大鏡」就可以結束變形工具

變形工具當中最常用的就是「Upright」內
的四項工具，由左到右分別為「廣角的透視
校正」、「水平轉正」、「垂直校正」、「水
平垂直同時校正」。但現在的情況是，抓不
到適合轉正的水平線，我們得手動轉正囉。

F> 拉直工具　數位暗房步驟二

1. 單響「拉直工具」
2. 移動指標到編輯區
   沿著地平線
   拖曳拉出需要轉正的角度

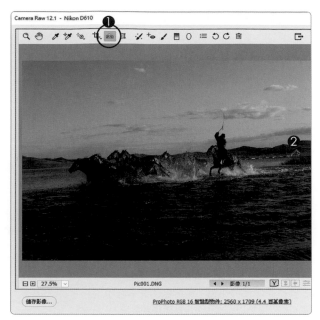

拉直工具的自動模式

「拉直工具是不是有『自動』轉正的功能呀？」有！雙響 (快速點兩下)「拉直工具」就能開啟「自動轉正」的功能，但是「變形工具」Upright 都找不到轉正線，「拉直工具」就更別說了 (同學可以試試，應該找不到)，拖曳角度線，手動轉正吧！

G> 裁切構圖　數位暗房步驟三

1. 完成拉直自動切換為「裁切」
2. 顯示裁切構圖線
3. 在裁切線範圍內單響右鍵
   指定裁切比例為「9 比 16」
4. 確認開啟「顯示覆蓋」
   才能出現井字構圖線
5. 單響「放大鏡」結束裁切

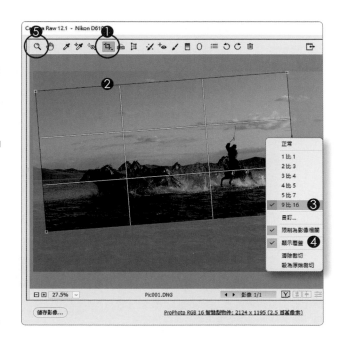

裁切工具常用快速鍵

裁切方向水平 / 垂直：快速鍵 X
取消裁切：快速鍵 ESC
結束裁切：單響「放大鏡」或按「Enter」

H > 調整暗部曝光 數位暗房步驟四

1. 單響「基本」面板
2. 預設處理方式「顏色」
   就是彩色模式
3. 向右拖曳滑桿拉亮「陰影」
4. 向左拖曳滑桿加強「黑色」
5. 向右拖曳滑桿增加「曝光度」

暗部：陰影 / 黑色

照片的暗部由「陰影」控制，當我們將陰影調亮到「80 - 90」左右，還是覺得偏暗，可以拉高「曝光度」來增加照片暗部的亮度。一旦提高暗部的亮度，輪廓線條會不夠明顯，所以得增加「黑色」讓輪廓線更清晰。

I > 控制亮部曝光 數位暗房步驟四

1. 位於「基本」面板
2. 向左拖曳滑桿降低「亮部」
   亮部變暗可以增加細節
3. 向右拖曳滑桿增加「白色」
   提高照片整體的明亮感

亮部：亮部 / 白色

照片的亮部由「亮部」與「白色」控制，降低「亮部」數值可以增加亮部細節，但亮部降低後，照片會偏暗，所以提高「白色」數值，來還原 (或是增強) 照片的明亮感。

J > 加強細節與飽和度

1. 位於「基本」面板
2. 增加「紋理」細節立體
3. 加強「清晰度」輪廓明顯
4. 增加「細節飽和度」
5. 單響「開啟物件」以智慧型
   物件進入 Photoshop

紋理、清晰度、去朦朧

這三款參數，基本上就是「弱、中、強」的
區別，紋理效果最弱，去朦朧反應最大（還
會偏藍），最中庸的就是「清晰度」，非常
適合加強「風景照」的立體感與層次。

K > 進入 Photoshop

1. 如果顯示「描述檔不符」
   單響「使用嵌入描述檔」
2. 單響「確定」按鈕
3. 這就是「智慧型物件」
   雙響「智慧型物件」縮圖
   可以回到 Camera Raw
   重新編輯參數

色彩描述檔不相容

RAW 格式的色彩空間是 ProPhoto RGB 可
能跟 Photoshop 環境的色彩空間不同，所
以會出現這樣的警告視窗，同學可以回到
CH03 去看色彩空間的說明，會更清楚一些。

EX02

HDR
高動態合併程序

使用版本　Camera Raw 12.1
參考範例　Example\07\Pic002.DNG

- 使用 Adobe Bridge CC 選取不同曝光 RAW 進入 Camera Raw

- Camera Raw 進行 HDR 合併

- 單響「開啟物件」按鈕，以智慧型物件方式進入 Photoshop

A> 開啟多張 RAW 格式

1. Bridge「內容」面板中
   選取三張不同曝光的 RAW
2. 單響「在 Camera raw 中
   開啟」按鈕
3. 進入 Camera Raw
4. 開啟的檔案顯示在左側窗格

建立高品質的 HDR 照片

楊比比在 CH04 中，把拍攝 HDR 需要注意
的事項，包含曝光補償對應的拍攝張數，都
整理成表格，很重要，一定要記下來。

B> 合併為 HDR

1. 單響「選項」按鈕
   執行「全部選取」Ctrl + A
   選取窗格中三個檔案
2. 顯示目前選取的檔案數量
3. 再次單響「選項」按鈕
   執行「合併為 HDR」指令

不能執行「合併為 HDR」？

確認選取兩張以上的照片，才能啟動「合併為 HDR」、「合併為全景」、「合併為 HDR 全景」這三個指令。

C> 控制 HDR 合併參數

1. 先檢查一下合併的張數
2. 因為 HDR 提供「對齊影像」
   所以楊比比才敢手持拍攝
   記得高速連拍喔
3. 開啟「套用自動設定」
   相當於「基本」面板中
   開啟「自動」曝光模式
4. 單響「合併」
5. 存檔類型「數位負片 .dng」
   dng 是 Adobe 的 RAW 檔
6. 單響「存檔」按鈕

D> 檢查合併的 HDR 檔案

1. 底片顯示窗格中
   顯示合併的 HDR 檔案
   注意縮圖下有兩個記號
   左邊是裁切、右邊是編輯
2. 右側的「基本」面板
   已經完成「自動」曝光控制

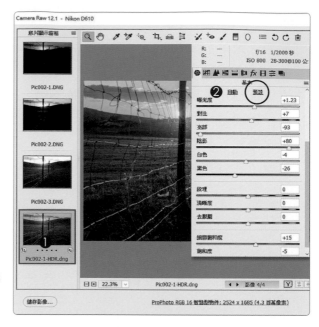

自動曝光不包含：紋理、清晰度、去朦朧

如果覺得「自動」曝光偏亮，可以略為降低
「曝光度」數值，或是單響「預設」（紅圈）
將數值歸零，自己調整曝光參數。

E> 鏡頭校正　數位暗房步驟一

1. 單響「鏡頭校正」面板
2. 位於「描述檔」標籤中
3. 檢查一下是否
   勾選「移除色差」
   勾選「啟動描述檔校正」

批次鏡頭校正

還記得我們在 CH03 章節中提到的快速校正
嗎（忘記了 ...）沒關係，就是把鏡頭校正存
為「預設集」，再透過 Bridge 的開發設定
套用在多張圖片中，有印象了吧（擊掌）。

F> 移除垃圾袋

1. 單響「污點移除」工具
2. 類型「修復」
3. 拖曳塗抹畫面中的垃圾袋
4. 調整綠色覆蓋位置
5. 單響「開啟物件」按鈕

移除後範圍有殘影？

略為降低「污點移除」面板中的「羽化」數值就可以改善殘影。其實我們在 CH04 中談了不少「污點移除」工具的使用技巧，同學記得回頭翻一下書喔 (感謝！感謝！) 。

G> 來吧！進入 Photoshop

1. 開啟「圖層」面板
2. 就能看到「智慧型物件」
   雙響縮圖可以回到
   Camera Raw 程式中
   繼續編輯各項參數

智慧型物件圖層好像不能編輯耶？

智慧型物件會保留影像的原始編輯資訊與狀態，所以編輯起來有點限制，不像一般的點陣圖層那麼方便 (翻頁) 來看看編輯的方式。

D> 兩張照片一起調整曝光

1. 確認選取兩張照片
2. 單響「基本」面板
3. 略為調亮「曝光度」+0.2
4. 提高「陰影」的亮度 +28
5. 增加「黑色」加強輪廓線
   數值大概是「-6」

控制暗部：陰影 / 黑色

主要控制暗部的參數是「陰影」，讓暗部變亮之後，記得讓「黑色」更黑（負值），才能讓影像的輪廓邊緣更明顯。

E> 楊比比的私房飽和度

1. 底片窗格選取兩張照片
2. 單響「校正」面板
3. 藍色飽和度「+82」
4. 照片的色調立刻鮮活起來
5. 單響「開啟物件」

要選兩張圖片喔

先看一下「底片顯示窗格」是不是已經選了兩張圖片（沒錯！選兩張），再單響「開啟物件」按鈕，才能將兩張圖片以智慧型物件模式同時開啟到 Photoshop 環境中。

F> 開啟兩張圖片

1. 進入 Photoshop 環境
2. 編輯區中顯示兩個檔案標籤
   單響 Pic004-2 標籤
3. 開啟「圖層」面板
4. 顯示智慧型物件圖層
   按 Ctrl + C 複製圖層
   CC 2018 以上適用

檔案間快速複製圖層　　　CC 2018 以上適用

只要檔案內沒有建立選取範圍，按下快速鍵
Ctrl + C (Mac：Command + C) 就能複
製圖層面板中目前選取的圖層。

G> 貼入複製的圖層

1. 單響 Pic004-1 檔案標籤
2. 按 Ctrl + V 貼入圖層
   圖層面板中顯示
   Pic004-2 智慧型物件
3. 單響「移動工具」
   調整目前圖層顯示位置

這是一個連續範例

請同學先不要結束檔案，翻頁之後，我們要
透過圖層遮色片，合併兩張圖片，辛苦大家。

D > 套用「明亮 / 溫暖」效果

1. 位於「分類 / 所有」
2. 單響「明亮 / 溫暖」小縮圖
   不要點效果名稱喔
3. 進入「明亮 / 溫暖」配方中
   單響「02- 增加飽和度」
4. 右側面板顯示參數

左右兩側的工具面板

同學可以按下鍵盤的「Tab」按鍵，控制濾
鏡左右兩側面板的開啟與關閉；也可以直接
單響「面板」按鈕（紅框）控制面板開合。

E > 增加第二款濾鏡

1. 單響「添加濾鏡」按鈕
2. 單響「返回」按鈕
   回到效果分類選單中

為什麼圖片看起來這麼奇怪？

同學不用擔心，這是智慧型物件圖層原始的
狀態，一旦我們完成 Nik 濾鏡的套用，按下
「確定」按鈕，一切就會恢復正常。

F> 超熱門「詳細提取濾鏡」

1. 單響檢視按鈕
   略為拉近圖片
2. 回到「分類.所有」選單
3. 單響「詳細提取濾鏡」
   後面的小縮圖

攝影人常用的分類

風景掛的夥伴，可以使用「景觀」或是「自然」；人像掛的朋友，可以從「肖像」與「婚禮」這個類別中尋找靈感。

G> 套用「詳細提取濾鏡」

1. 進入「詳細提取濾鏡」
   單響「02- 強烈大型詳細」
2. 加入「詳細提取濾鏡」
   下面顯示的是濾鏡參數

整張圖都是細節就沒有重點了

在我們沒有指定範圍之前，濾鏡會套用在整張圖片上，這會讓畫面的細節太多、效果太強烈，請同學翻頁，進行濾鏡的局部控制。

海報
模板設計（二）

使用版本 Photoshop 2020
參考範例 Example\07\Pic006.TIF

- 文字、形狀圖層都可以轉換成「邊框」。

- 點陣圖層（筆刷繪製的圖案、背景圖層）不能轉換為「邊框」。

- 使用「任意變形」指令，同時調整「邊框」與「嵌入圖片」的大小。

A > 轉換形狀為邊框

1. 開啟 Pic006.TIF 檔案
2. 圖層面板中
   矩形圖層名稱上單響「右鍵」
3. 執行「轉換為邊框」
4. 名稱隨時都能改
   單響「確定」按鈕
5. 形狀轉成「邊框」囉

文字也可以轉為「邊框」

為了擔心同學電腦中沒有相同的字體，楊比比已經將群組中的文字轉換為形狀，但意思是一樣的，在文字形狀名稱上單響右鍵，執行「轉換為邊框」就能轉換囉！

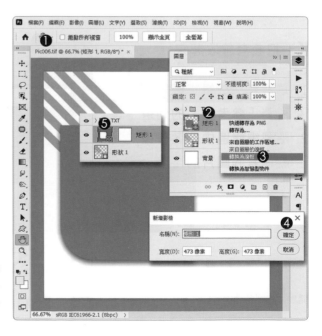

B> 圖片嵌入邊框

1. 單響「邊框」縮圖
2. 開啟「內容」面板
3. 內嵌影像選單中
   從本機磁碟置入 - 嵌入式
   選取 Pic005-4.JPG

如果希望邊框加上「外框線」

單響圖層中的「邊框」縮圖，再從「內容」
面板的「筆畫」中指定「顏色、粗細」與框
線的位置「內部、居中、外部」（紅框）。

C> 同時調整邊框與圖片

1. 單響「邊框」縮圖
2. 按 Shift 單響嵌入圖片縮圖
   確認兩個縮圖外面都有框框
3. 按 Ctrl + T 啟動「任意變形」
   記得開啟「等比例」
   好了！剩下交給大家（擊掌）

邊框工具的兩個小缺點

對設計人來說，邊框是非常方便的工具，可
惜的是，目前還有兩個缺點，不支援點陣圖
層，文字、形狀轉成邊框轉不回來。

EX09

人像合成（一）
修身曝光處理

使用版本　Camera Raw 12.1
參考範例　Example\07\Pic007-1.DNG

- Adobe Bridge 中學習移除 Camera Raw 的編輯紀錄

- 暗房編輯程序：鏡頭校正 → 變形校正 → 裁切 → 曝光 → 色調

- 這個範例共分為五個階段：曝光 → 髮絲去背 → 合成 → 色調同步 → 版權

A> 移除編輯紀錄

1. 檔案縮圖上顯示
　　編輯與裁切記號
2. 檔案縮圖上單響右鍵
　　選取「開發設定」
3. 執行「清除設定」

RAW 與 JPG 都可以清除設定

在 Bridge 環境中，選取多個檔案（RAW 或是 JPG 都行），使用「清除設定」，就可以移除檔案上 Camera Raw 所有的編輯記錄。

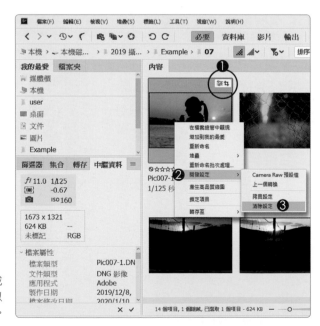

B> 進入 Camera Raw

1. 縮圖上沒有編輯記號囉
2. 單響 Pic007-1.DNG 縮圖
   按下 Ctrl + R
3. 就能開啟 Camera Raw

在 Camera Raw 中開啟：Ctrl + R

喜歡使用快速鍵的同學，Ctrl + R 可以記一
下，少了點擊的動作，方便很多。

C> 鏡頭校止   數位暗房步驟一

1. 單響「鏡頭校正」面板
2. 位於「描述檔」標籤
3. 勾選「移除色彩」
   以及「啟動描述檔校正」

扭曲與暈映

碰到變形幅度比較大的「超廣角」或是「魚
眼」，可以適度降低「扭曲」數值，適度保
留鏡頭該有的張力。「暈映」指的是「暗
角」，如果暗角太明顯，暈映校正不了，可
以使用「污點移除」直接遮蓋暗角範圍。

D > 變形校正　　數位暗房步驟二

1. 單響「變形工具」
2. 右側顯示「變形」面板
3. 向右拖曳「外觀比例」
   數值約「+25」寬度縮減
4. 人會顯得瘦一點
   單響「Z」或按放大鏡
   就能結束「變形」

外觀比例

「外觀比例」可以透過單向比例的壓縮，來改變人物的體型，但不能太多，如果把數值拉到「+50」，那就不是瘦身，而是變形了。

E > 曝光控制　　數位暗房步驟四

1. 因為這張圖的背景要移除
   所以跳開「裁切」這個步驟
   單響「基本」面板
2. 向右拖曳「陰影」滑桿
   數值約「+68」
   提高暗部亮度
3. 向左拖曳「亮部」滑桿
   數值約「-50」
   降低亮部的明亮感
4. 向右拖曳「曝光度」
   略為提高整體亮度「+0.25」

F> 控制銳利的作用範圍

1. 單響「細部」面板
2. 明度「20」減少灰色雜點
3. 銳利化總量「20」
4. 按著 Alt 不放
   向右拖曳「遮色片」滑桿
   限制銳利化作用影像邊緣
   也就是目前的白色範圍
5. 單響「開啟物件」按鈕

RAW 格式的預設銳利化總量「40」

對風景來說還可以，但對人像來說，銳利化總量「40」有點高了；也因此，只要是人像照，楊比比都習慣略為降低銳利化總量。

G> 進入 Photoshop

1. 開啟「圖層」面板
2. 試著雙響智慧型物件
   Pic007-1 縮圖
   就能再回到 Camera Raw
   編輯各項數據

左右兩側有透明範圍？

那個不用管它，我們下個階段要去背，只保留人物，背景不要了，來吧！翻頁繼續。

人像合成（二）
髮絲去背

使用版本　Photoshop 2020
參考範例　Example\07\Pic007-1.DNG

- 嘗試三種選取人物的方式：快速選取工具、選取主體、物件選取工具

- 物件選取工具：Photoshop 2020 新工具

- 練習髮絲去背的專用指令「選取並遮住」，並在編輯區中觀察遮色片

A> 快速選取工具　　CS3 以上都適用

1. 單響「快速選取工具」
2. 使用「增加」模式
3. 適度調整偵測範圍的大小
4. 勾選「自動增強」
5. 沿著人物拖曳圓形偵測範圍
   大致上都選好後
   按著 Alt 不放
   就能切換為「減去」模式
   拖曳筆刷移除多餘的範圍
6. 單響「新增遮色片」按鈕
   將選取範圍轉換為遮色片

B> 選取主題　CC 2014 以上都適用

1. 拖曳剛剛做好的遮色片
   到「垃圾桶」中
   我們換一招試試
2. 單響「快速選取工具」
3. 單響快速選取工具選項列
   的「選取主體」按鈕
4. 使用「減去」模式
5. 拖曳移除多餘的範圍
6. 單響「新增圖層遮色片」
7. 建立好的選取範圍
   轉換為圖層遮色片

C> 物件選取工具　2020 適用

1. 單響「物件選取工具」
2. 使用「增加」
3. 模式「矩形」
4. 勾選「自動增強」
5. 勾選「物件縮減」
6. 拖曳拉出矩形選取範圍
   框選人物

選取工具建議使用「增加」

使用選取工具建立選取範圍時，建議使用
「增加」來進行選取，如果選的太多了，只
要按著 Alt 不放，就能切換為「減去」喔！

D > 減去多出來的範圍

1. 位於「物件選取工具」中
2. 使用「減去」
3. 模式「套索」
4. 拖曳框選多出來的範圍
   就能自動縮減到物件的邊緣
5. 單響「新增遮色片」按鈕
6. 選取範圍轉換為遮色片

覺得哪一種選取方式比較好？

以目前的範例來說「選取主體」最快，但對
攝影人或是設計人來說，還是得把三種工具
都學起來，才是上上之策 (點頭)。

E > 啟動「選取並遮住」

1. 建立圖層遮色片後
   遮色片中的黑色會遮住影像
   所以人物外側
   以灰白相關的方格
   顯示透明區域
2. 遮色片上單響「右鍵」
   執行「選取並遮住」

注意選取工具的選項列

使用「矩形、橢圓、套索、快速選取、魔術
棒」工具選項列上的「選取並遮住」也可以。

F> 指定檢視模式

1. 單響「縮放檢視工具」
   拉近圖片的頭部
2. 單響「檢視」選單
   使用「白底」
   按 Enter 把選單收起來
3. 白底的不透明「100%」
4. 勾選「高品質預視」

智慧型半徑會閃

很多使用 2020 的同學，只要勾了「智慧型半徑」，再使用「調整邊緣筆刷」，塗抹髮絲，畫面就會不斷閃動，這是 Bug 要等更新。

寫稿當下使用的是 21.0.2

G> 調整邊緣筆刷

1. 單響「調整邊緣筆刷」工具
2. 使用「+」模式
3. 適度調整筆刷大小
4. 不要勾選「取樣全部圖層」
5. 沿著髮絲邊緣拖曳筆刷
   把髮絲擦出來

擦拭邊緣與外側

注意兩件事，首先「調整邊緣筆刷」的尺寸不要太大，其次，沿著髮絲邊緣與外側拖曳筆刷，才能把選取範圍以外的髮絲拉回來。

H> 擦拭多餘的範圍

1. 單響「筆刷工具」
2. 單響「-」按鈕
   適度調整筆刷尺寸
3. 拖曳筆刷擦拭多餘的影像

傳統的筆刷也好用

「-」模式下的筆刷，相當於遮色片中的「黑色」筆刷，可以遮蓋多餘的影像，記得把圖片拉近一點 (放大一點) 才能擦的乾淨。

I > 讓髮絲更乾淨

1. 勾選「淨化顏色」
2. 向右拖曳「總量」滑桿
   觀察髮絲邊緣顏色的變化
3. 輸出至「新增使用圖層
   遮色片的圖層」
   這句話很難懂
   翻譯成中文就是
   「去背結果放在新圖層中」
4. 單響「確定」按鈕
   結束「選取並遮住」指令

J > 觀察去背狀態

1. 選取並遮住的去背結果
   放置在新圖層中
2. 原來的圖層還在下面

解釋一下「淨化顏色」

一旦勾選「淨化顏色」，「選取並遮住」完
成的去背結果就一定要放在新圖層中，不能
更改（或是取代）原始圖層的遮色片。

K > 遮色片範圍顯示在編輯區

1. 按著 Alt + 單響遮色片
2. 編輯區顯示遮色片狀態
   同學可以使用
   黑色或是白色筆刷
   在編輯區修飾遮色片
3. 單響圖層縮圖
   就能恢復圖片編輯狀態

遮色片常用快速鍵

關閉 / 開啟遮色片：Shift + 單響遮色片
編輯區顯示遮色片：Alt + 單響遮色片
反轉遮色片黑白區域：Ctrl + I

EX11

人像合成（三）
置入背景圖片

使用版本　Photoshop 2020
參考範例　Example\07\Pic007-2.JPG

- 置入圖片方式一：Bridge 中，圖片上縮圖單響「置入 - 在 Photoshop 中」

- 置入圖片方式二：Photoshop 功能表「檔案 - 置入嵌入的物件」

- 啟動「任意變形」顯示變形控制框時，記得多使用「右鍵」功能很多喔

A> 由 Bridge 置入圖片

1. Adobe Bridge 環境中
2. Pic007-2 縮圖上單響右鍵
　 單響「置入」選單
3. 執行「在 Photoshop 中」

多多使用 Bridge

以前楊比比不太使用 Bridge，總覺得它程式龐大，但這幾年不同了，Bridge、Camera Raw 與 Photoshop 緊密結合、協調性高，推薦同學多多使用 Brige（謝謝支持）。

B> 從 Photshop 置入圖片

1. 功能表「檔案」
2. 執行「置入嵌入的物件」
3. 選取 Pic007-2.JPG
4. 單響「置入」按鈕

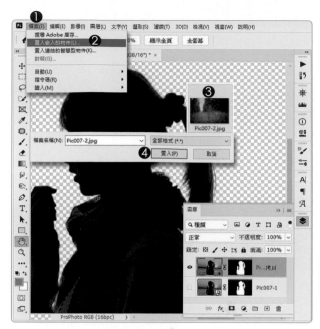

置入的圖片會自動轉為「智慧型物件」

講一下，如果置入圖片放置的圖層位置不對，同學可以先結束「任意變形」，把置入的圖片拉到人物下方，再啟動「任意變形」。

C> 任意變形右鍵選單

1. 置入的圖片放在下方
2. 按 Ctrl + T 啟動「任意變形」
   變形控制框中單響右鍵
   執行「水平翻轉」
3. 開啟「等比例」模式
4. 拖曳控制框調整圖片大小
5. 指標移動到變形控制框內
   調整圖片的位置
   最亮的區域放在馬尾後方
   完成調整後
   按 Enter 結束任意變形

EX12

人像合成（四）
統一色調與光源

使用版本　Photoshop 2020
參考範例　Example\07\Pic007-1.DNG

- 筆刷工具狀態下按著 Alt（Mac：Option）不放就能切換為「取樣器」

- 在不改變「色相」與「飽和度」的情況下提高顏色的「明度」

- 運用「圖層混合模式」改變顏色的疊合狀態

- 複製圖層遮色片：按 Alt（Mac：Option）不放拖曳遮色片到另一個圖層

A > 建立空白圖層

1. 單響「新增圖層」按鈕
2. 新增空白透明圖層
　　雙響圖層名稱
　　修改名稱為「光源色調」

改個名稱以後好辨認

盡量少使用「圖層1」、「圖層2」這樣的
預設名稱，不容易辨認圖層內部狀態，聽楊
比比一句勸，花幾秒鐘改成適當的名稱，日
後才知道圖層的作用（這是好習慣呀）。

B> 即時切換取樣器

1. 單響「筆刷工具」
2. 按 Alt 不放
   指標切換為取樣器
   單響人物臉部附近
   背景 Pic007-2 的顏色
3. 前景色變更後
   就可以放開 Alt 按鍵

需要顏色的工具都可以即時切換取樣器

整理一下喔!「筆刷」、「漸層」、「油漆桶」
還有「繪圖工具」(就是矩形、圓角矩形、
自訂任意形狀這些工具)都可以切換。

C> 提高顏色明度

1. 單響「前景色」色塊
2. 開啟「檢色器(前景色)」
3. H:色相 / S:飽和 / B:明度
   色相與飽和度不變
   提高「B 明度」數值
   大概「60 左右」
4. 單響「確定」按鈕

開啟前景色檢色器是可以指定快速鍵

我們在 CH05 中討論過指定前景檢色器的快
速鍵,同學可以回頭翻一下,設定的位置就
在功能表「編輯 - 鍵盤快速鍵」當中。

D> 繪製顏色

1. 位於「光源色調」圖層
2. 使用「筆刷工具」
3. 邊緣模糊的大尺寸圓形筆刷
4. 模式「正常」
5. 不透明與流量是「100%」
6. 前景色也指定好了
7. 塗抹人物的左側

還沒有結束

記得筆刷邊緣的硬度要低（0%），下一個
步驟混合起來才會比較自然，我們繼續囉！

E> 改變圖層混合模式

1. 位於「光源色調」圖層
2. 混合模式建議使用「柔光」
3. 人物與背景顏色一致
   如果覺得顏色太強烈
   可以適度降低「光源色調」
   圖層的「不透明度」

光源色調的顏色擴及到背景圖上耶

按理說，我們只需要變更人物身上的光源與
顏色，但筆刷塗抹的範圍太大，來調整一下。

F> 複製圖層遮色片

1. 按著 Alt 不放
   拖曳 Pic007-1 的遮色片
   到 Pic007-2 的圖層上
   確認遮色片複製上去
   再放開「Alt」按鍵

有點不自然吧

沒錯，黑色的遮色片把圖層中的顏色完全擋住，相當於切割光源與顏色，有種一刀兩斷的味道，這樣不好看，我們再修正一下。

G> 減緩黑色遮色片的力道

1. 單響「圖層遮色片」
2. 開啟「內容」面板
   顯示「遮色片」的編輯參數
3. 降低「密度」到 50% 左右
   黑色遮色片變為灰色
   擋住了一半的顏色
   看起來自然多囉

我的內容面板沒有「密度」？

那應該有「濃度」吧 (有喔) 很好，「密度」就是「濃度」，意思是相同的，放心。

EX13

人像合成（五）
個人版權與存檔

使用版本　Photoshop 2020
參考範例　Example\07\Pic007-1.DNG

- 透過檔案資訊設定圖片的版權，版權檔案可以儲存，日後重複使用。

- 可以保留圖層結構的檔案：PSD、TIF（建議使用 TIF）

- 記得到「楊比比 Photoshop 線上學習網」下載圖片範例檔案

A > 設定檔案版權

1. 功能表「檔案」
　　執行「檔案資訊」指令
2. 位於「基本」類別中
3. 輸入各項資訊
　　必填欄位「作者」
　　以及「版權狀態」
　　還有「版權資訊 URL」
　　版權注意事項也寫一下
4. 單響「範本資料夾」
5. 單響「轉存」把資訊存起來
6. 單響「確定」按鈕

B> 儲存為 TIF 格式

1. 功能表「檔案」
2. 執行「另存新檔」指令
3. 指定「存檔類型」TIFF
4. 確認勾選「圖層」
5. 勾選「ICC 描述檔」
6. 單響「存檔」按鈕

使用 2020 的同學可以直接把檔案存在雲端

存檔時，單響「儲存至雲端文件」按鈕，就
可以將檔案同步存放在 Adobe 提供的雲端
空間中，需要的同學可以試試。

C> TIFF 選項設定

1. 顯示 TIFF 選項對話框
2. 影像壓縮「LZW」
   這是一種非破壞性壓縮
   其他參數維持預設值
3. 單響「確定」按鈕
4. 單響「確定」包含圖層

勾一下「不再顯示」（紅框）

存 TIF 就是希望能保留完整圖層結構，「包
含圖層」是必然的，記得勾選「不再顯示」
以後就能省了這個對話方塊。

這本書，集結了近三年的學習心得，滿滿的心
意，相信同學能感受到！謝謝支持！感謝！

*2020.01.12 上午 10：12 於桃園完稿

歡迎光臨！楊比比的數位後製暗房 Photoshop+Camera Raw 編修私房密技 200+

作　　者：楊比比
企劃編輯：王建賀
文字編輯：詹祐甯
設計裝幀：張寶莉
發 行 人：廖文良

發 行 所：碁峰資訊股份有限公司
地　　址：台北市南港區三重路 66 號 7 樓之 6
電　　話：(02)2788-2408
傳　　真：(02)8192-4433
網　　站：www.gotop.com.tw
書　　號：ACU081900
版　　次：2020 年 02 月初版
建議售價：NT$390

國家圖書館出版品預行編目資料

歡迎光臨！楊比比的數位後製暗房 Photoshop+Camera Raw 編修私房密技 200+ / 楊比比著. -- 初版. -- 臺北市：碁峰資訊, 2020.02
　　面；　　公分
　　ISBN 978-986-502-427-7(平裝)
　　1.數位影像處理　2.數位攝影
952.6　　　　　　　　　　　　　　　　109001338

讀者服務

● 感謝您購買碁峰圖書，如果您對本書的內容或表達上有不清楚的地方或其他建議，請至碁峰網站：「聯絡我們」\「圖書問題」留下您所購買之書籍及問題。(請註明購買書籍之書號及書名，以及問題頁數，以便能儘快為您處理）
http://www.gotop.com.tw

● 售後服務僅限書籍本身內容，若是軟、硬體問題，請您直接與軟體廠商聯絡。

● 若於購買書籍後發現有破損、缺頁、裝訂錯誤之問題，請直接將書寄回更換，並註明您的姓名、連絡電話及地址，將有專人與您連絡補寄商品。